# 保持健康的生活，怎么办？

[加]珍妮弗·摩尔-马丽诺斯/著

臻阅文化/译

江西高校出版社

# 目录

# 健康生活
## 从睡眠开始

你知道怎样开始健康的生活吗？没错！保持个人卫生、健康饮食、常运动都属于健康生活。但健康生活却是从拥有一个好的睡眠开始的。

健康生活是从上床睡觉开始的。当你每晚睡够8小时或者更长时间的时候，你的身体就会得到充分休息和充电，补充白天消耗掉的能量。你的大脑用自己的方式也得到了休息。大脑安静下来，停下来组织你的想法，把最重要的信息存储在记忆里……有时候它还会做个梦。

休息一下，
做个美梦。

# 洗个澡吧，
## 洗掉坏病菌

今天你刚踢了一场足球赛，前些天还和朋友们一起打了篮球。

你回家的时候总是满身大汗，因为你总喜欢两个台阶一跳地上楼梯。

那么，现在你要做什么呢？好好地洗个澡吧。拿起香皂，搓出泡沫，洗一下身体吧。

养成每天洗澡的习惯会帮你保护你的身体，因为洗澡会帮你洗掉所有脏东西，还能洗掉留在你身上的坏病菌。

一个干净，受保护的身体。

# 洁净的牙齿，健康的笑容

要好好保护你的牙齿，因为它们太重要了。每次用餐后和睡觉前，都要好好地刷牙。刷牙这个动作很简单，你们都会操作，对吗？

握住你的牙刷——刷牙唯一的工具，挤一些牙膏在上面。然后开始刷牙，前前后后地刷，别忘了你的牙龈和舌头。为了把牙刷得干净些，你要上上下下不停地刷，像在墙上画画那样。

好好照顾它们哟，牙齿会伴随你一生的。

# 小手，

## 需要保持干净

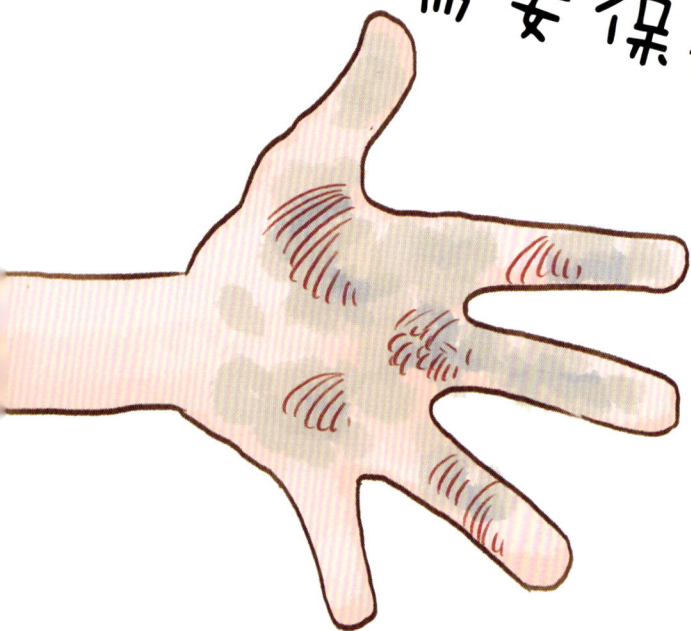

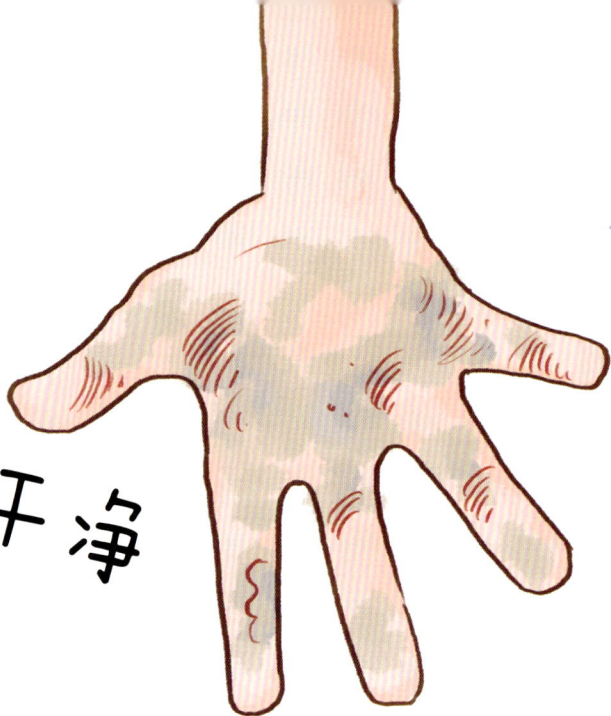

你的身上有个部位需要经常清洗，那就是——你的双手。尤其是上完洗手间后、吃饭前、碰过地板后、从外面回来时，都要用肥皂好好洗手，你知道这是为什么吗？

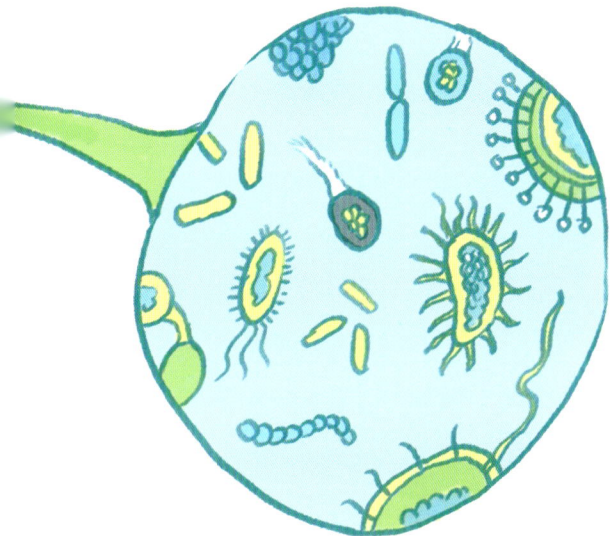

你的双手和外界接触最频繁：你会用双手触摸东西，探索世界、握手、抚摸（就像摸小狗）……，所以双手一直被病菌环绕着。如果你经常清洗双手，就会把这些病菌洗掉。

记得搓泡泡的时候要关上水龙头哟！

记得搓泡泡的时候要关上水龙头哟！

# 别忘了涂 防晒霜！

你喜欢去海边玩沙子和游泳吗？那就好！穿上你的泳装，抓起你的铲子，出发吧。但是千万别忘了涂上防晒霜。

　　太阳会让我们感觉到热，它的光线对我们的皮肤有益。尽管如此，如果我们不注意保护皮肤，我们也会被晒伤，且被晒得很疼。所以把防晒霜涂在你的手臂、大腿、肚子、脖子和脸蛋儿上吧（别忘了你的耳朵和鼻子）！

　　涂背部就需要找人帮忙了。

　　好了！现在你可以在海边尽情玩耍了。

千万不要没涂防晒霜就晒日光浴哟！

# 运动

## 让我们更健壮

你喜欢做运动吗？如果你的答案是："是的"，那就太棒了！因为做运动会让你的肌肉更强壮。运动对你的整个身体和大脑都有好处。做运动还很有趣，特别是团体运动。

运动是保持健康
最有意思的方法。

　　如果你的答案是："不"，
那我们建议你开始动起来吧，下定
决心尽快开始运动。你决不会后悔
的。试一试不同的运动和运动方式
吧——运动有很多种！——一旦你
找到自己喜欢的运动时，你就会喜
欢得停不下来的。

# 消化，
## 从你的嘴巴开始

消化从正确地咀嚼食物开始。当吃东西时，你不要着急地大口吞。不管是刚咬了一口苹果还是把刚切好的牛肉用叉子送入口中，当你咀嚼时，你一定要记得慢慢咀嚼哟。

试着多咀嚼一会儿，一直到食物小得你可以很轻易地吞进肚子。如果你是这样做的，那么太棒了，你的身体将会开启奇妙的消化之旅。

认真咀嚼的人是很少会肚子痛的。

# 什么东西
## 都吃一点儿

为了身体更健康、更强壮，长得更高大，你需要什么东西都要吃一点儿。不过什么是"什么东西"呢？

健康饮食，多样饮食。

　　这很简单：一天里，我们要摄取蛋白质、碳水化合物、脂肪、矿物盐和维他命等营养物质。不要忘了还要多喝水哟。这是一件困难的事情吗？完全不是！爸爸妈妈为你准备的健康饮食里，都含有这些重要的营养物质。

# 三餐两点

每天你都需要进餐五次。
想一想，每一餐的重要性吧。
第一餐是早餐，早餐能帮助你
开启能量满满的一天：这是一
个更换"电池"的最佳时刻。

上午和下午的点心应该吃得少一些，这能帮助你的身体更强壮，大脑更清晰。最后，午餐和晚餐是最重要的。这两餐会给你的身体提供一天所需要的大部分营养。

千万别少吃了一餐哟！

# 食物金字塔

　　为了健康的饮食，你应该什么都吃。但是有些食物不能吃太多，有几种食物必须每天都吃。请放心，你很容易就能知道哪些食物能常吃，哪些食物不能常吃。

想象一座金字塔或者一个三角形。把每天都吃的食物放在最底层。在中间部分放上隔一天能吃一次的食物。放在高处的食物就不多了：这种食物一到两周可以吃一次。在最高处放的食物，你应该偶尔才吃一次。

这很简单！

# 当面包

## 成为你的 "敌人"

有一些人不能吃小麦或者黑麦等谷物做成的面包。这种食物包含了一种叫谷蛋白的物质，会让一些人感觉不舒服甚至引起过敏。这就是被称为谷物不耐受的人们会去寻找无谷物的食物的原因。幸运的是，现在人们在做面包、意大利面、曲奇饼干和其他很多食物时，会用其他种类的面粉，如玉米粉、鹰嘴豆粉和藜麦粉等。

你知道有谁是谷物不耐受的吗？

# 为什么我不能喝牛奶？

每天都喝牛奶或者吃其他像芝士和酸奶等奶制品对我们来说是很重要的。牛奶含有蛋白质，还有很重要的如钙等矿物质，能让你的骨骼强壮起来。

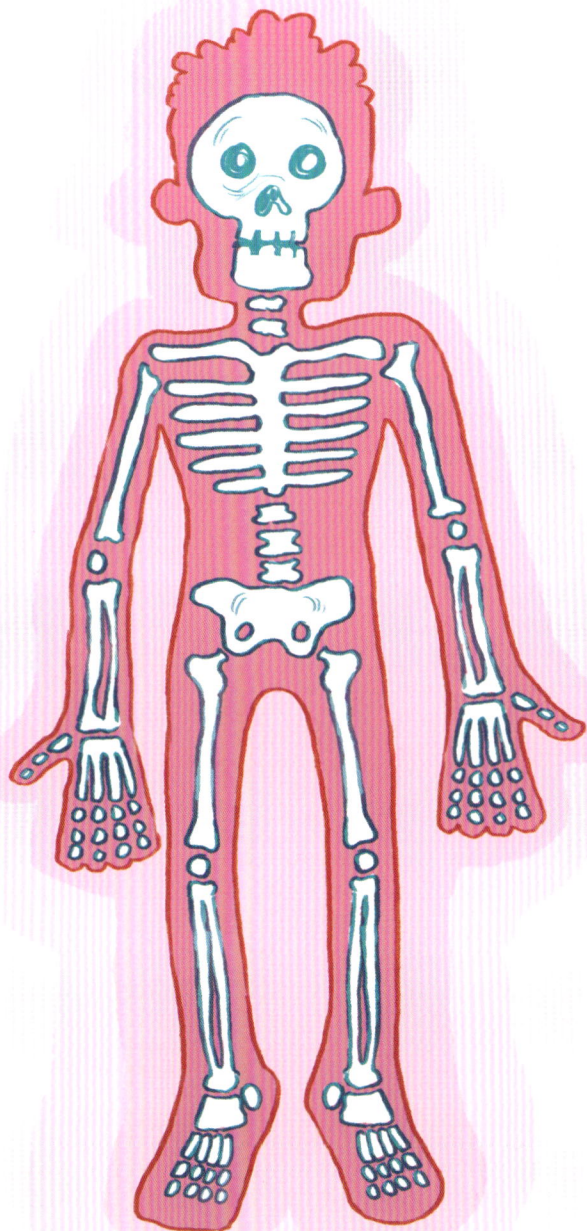

　　还有一种特殊的糖叫乳糖，虽然这种糖会给你很多能量，但是有一些人是不能每天吃乳糖的，因为乳糖会让他们感到不舒服。他们不能消化、吸收乳糖，他们吃了后可能会胃疼。最好的解决办法就是喝无乳糖的牛奶，吃无乳糖的芝士和酸奶。

乳糖适合你吗？

# 我爱苹果

你有最喜欢吃的水果吗？是哪种水果无与伦比的美味让你吃不够？是苹果，对不对？它吃起来十分美味，因为它里面含有许多天然的糖：以果糖、蔗糖和葡萄糖最多。

尽管如此，因为苹果里含有大量的果糖，所以像蜂蜜一样，它并不是适合所有的人。有一些人的肠胃无法很好地吸收果糖，如果吃的食物含有大量果糖，他们的身体就会非常不舒服。他们应该吃一些果糖成分较低的食物，或者不吃含有果糖的食物。

香蕉和菠萝含有的果糖成分很低。

# 我不能吃

如果你是过敏体质，那说明你的身体会对某些物质产生不好的反应。这种"某些物质"可能是指很多不同的东西。如灰尘、花粉或者是动物的毛发都可能会引起过敏反应。

有些人会对某种食物过敏：比如鸡蛋、贝类、坚果或者牛奶等。吃了这些食物时，他们也许会胃痛、呕吐或者就是感觉不舒服。有些人甚至只是摸了摸这些食物就会有强烈的反应。所以，如果你对某些食物过敏，你应该记住永远不要吃它，甚至是不要触碰它。

如果你对某种物质过敏，
一定要小心哟！

# 无糖定律

你喜欢吃甜食吗？你当然会喜欢！水果包含了天然的糖分。每天都吃水果是一件好事，因为水果不仅美味，而且还给了我们许多能量——大量的维生素、纤维和水分。

想吃些甜食？那就吃点儿水果吧！

相反地，如果你从糖果或者蛋糕、曲奇这类含糖食物中获取糖分，那是很糟糕的。它们给我们身体提供了大量的热量。如果我们没有燃烧掉这些热量，它们就会转化为脂肪，让我们体重增加。吃大量的糖果对我们的身体是非常有害的。

# 没有肉或鱼的生活

动物和植物可以为我们提供丰富的营养。但只吃植物类的食物可以吗？

有些人不喜欢吃任何禽畜肉类和鱼，他们被称为素食主义者。他们的饮食里包含了水果、蔬菜和其他植物类的加工食物，如面粉和豆腐（豆腐是用豆子做的）。他们还会吃牛奶和鸡蛋，虽然牛奶和鸡蛋也来自动物。如果缺少维生素或者矿物质，他们会吃维生素片来补充。

你怎么看这样的饮食？

# 纯植物饮食

严格的素食主义者要求更高。他们不会吃任何来自动物的东西，意思就是他们不吃肉、鱼、鸡蛋、牛奶、酸奶或者芝士。他们也不吃蜂蜜，因为蜂蜜是来自蜜蜂这种动物的。

他们不会穿用皮或毛做的衣服。严格的素食者会密切关注动物的健康和生存环境。这是一种非常严格的生活方式，婴幼儿、青少年、孕妇和哺乳期的妈妈们都不应该采取这种生活方式。

你能想象自己吃着一份严格素食者的食物吗？

# 食物配料表专家

告诉你的爸爸妈妈，你希望他们能教你在百货商店里怎样看食物配料表。如果他们也不会，那么何不和家人一起搜索一下，来学习配料表到底意味着什么呢？

当你们都成为专家后，你就能知道你买的食物有哪些配料。你会知道哪种食物和饮料含有太多的糖或者太多不好的脂肪，哪种食物含有色素和防腐剂，哪种食物含有谷蛋白和果糖。（如果你的家里有食物不耐受者，认识配料表就很重要了。）

在买食物前，你一定要记得看一看食物配料表哟！

# 家庭聚餐

和一家人围在桌子边一起吃早餐、午餐和晚餐是一件很幸福的事情。这让你不仅有了分享食物的机会，更有了和家人分享梦想和想法的机会。

你们可以在吃早餐前分享一天的计划，然后在晚餐时一起讨论一整天发生的事情。如果有任何问题，你们可以在餐桌边讨论。你也许现在不理解这么做的好处，但当你老了，回忆起和家人一起用餐的日子会让你很高兴。

每一餐都是一次派对！

# 音乐的力量

你知道当你疲劳和无聊的时候，听你最喜欢的音乐会让你活跃起来，感觉更好吗？科学家一直在研究音乐对思维的影响。不过你并不是只有去当一个科学家才能研究音乐是如何影响大脑的，其实你自己就能证明。

有一个小办法能帮助你：当你想要改变当前的心情或状态时，可以听些和当前心情相反的歌曲。比如，你需要更多的激情，那么听一些充满力量的、有着快乐韵律的歌曲吧；如果你想放松，那么就听一些有着稳定节拍的慢歌吧。

来吧，现在试一试！

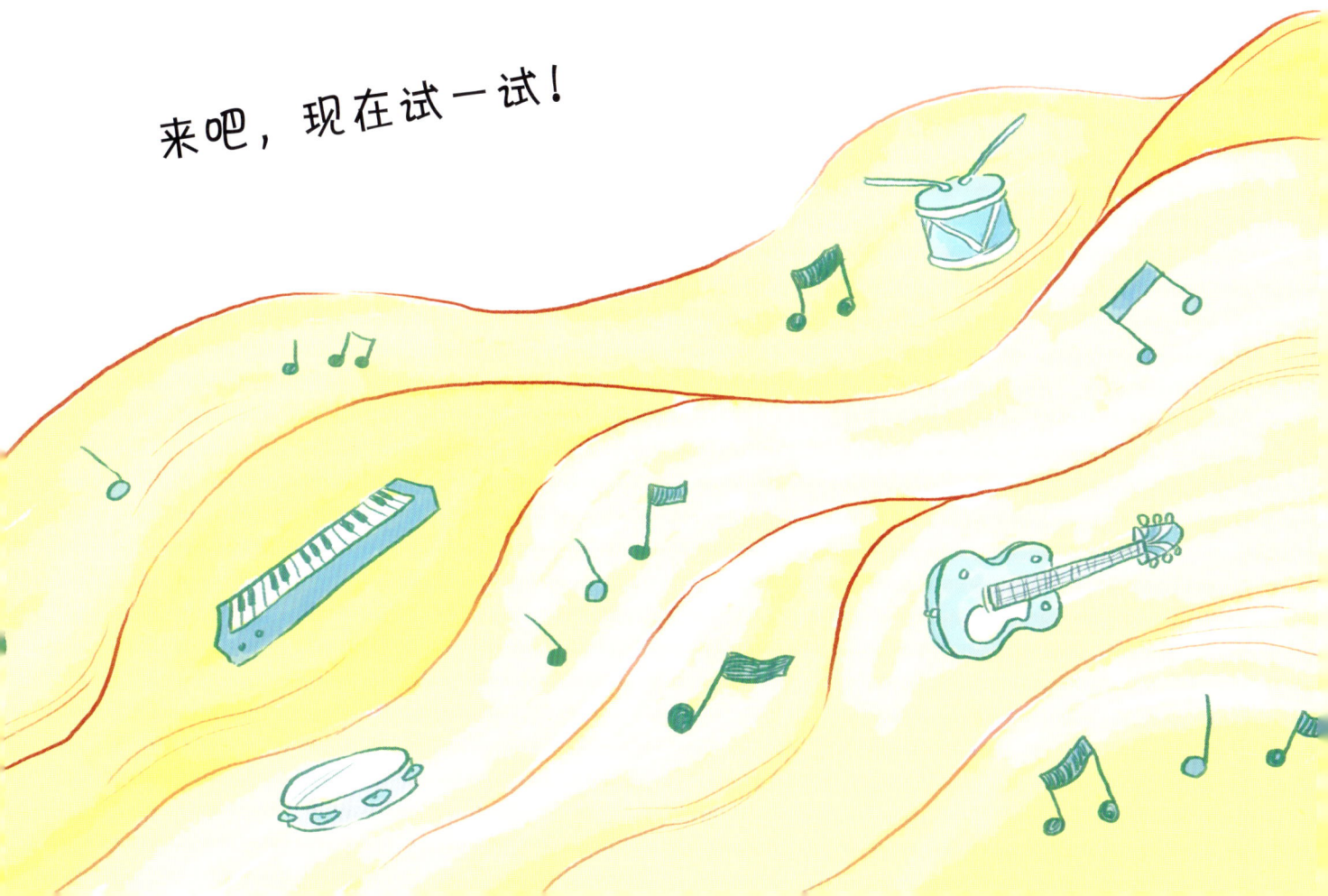

# 睡觉时间：关掉屏幕

为了拥有一个长长的安稳睡眠，你必须要避免使用电子产品。当太阳落山时，你的大脑会为良好的睡眠分泌出一种很重要的物质：褪黑素。但是来自屏幕的光线会让大脑迷惑，认为依然是白天，所以大脑只分泌出很少的褪黑素。

睡觉前半个小时，关上手机屏幕、电脑屏幕。或者完全关闭这些电子设备，把它们拿出自己的卧室。

睡前不用电子产品！

# 不用塑料瓶喝水

多喝水有益于身体健康，水可以帮助我们的身体顺畅地运行。出门的时候你是怎么喝水、喝牛奶或者果汁的呢？也许是用塑料瓶或者小纸杯，也许为了方便还会用上吸管。但是它们最终都会变成垃圾。

现在对你们提出一个有挑战的要求：试着三个星期不用塑料瓶、纸杯或者吸管。试着寻找一个替代品：现在都有可重复利用的保温瓶和吸管。如果你能培养这个好习惯，那么你就是在帮助拯救地球上所有的生命。

拯救生命才是关键。

# 减少使用、重复利用和循环利用

每天，我们都会产生大量的垃圾，这对我们的环境非常不利。我们制造的垃圾会被丢弃在大地上、空气中、河流和海洋里。它们最终会伤害地球上的动植物，让地球伤痕累累。

怎样才能阻止这一切的发生呢？首先，尽可能减少你每天产生的垃圾。你可以使用一些可重复利用的产品。然后，你可以让产生的垃圾循环利用起来。如果塑料、玻璃、纸和其他一些材料可以被重复利用，我们就会阻止这些垃圾进入大地、空气和水流中。

**拯救地球，对每个人都是有益的。**

# 吃天然的食物

在学校里、家里、超市里和酒店里进餐时，你要记得试着挑选新鲜的食物。

自己用新鲜食材制作的食物总比工厂生产的食物要健康。食品加工厂为了让食品的保质期更长需要在食物里添加一些物质，这些物质还会让食物看起来很好看，闻起来很香。但是为了自己的身体更健康，还是要少摄取这类食物。

爸爸妈妈做的食物吃起来更香，也更健康。

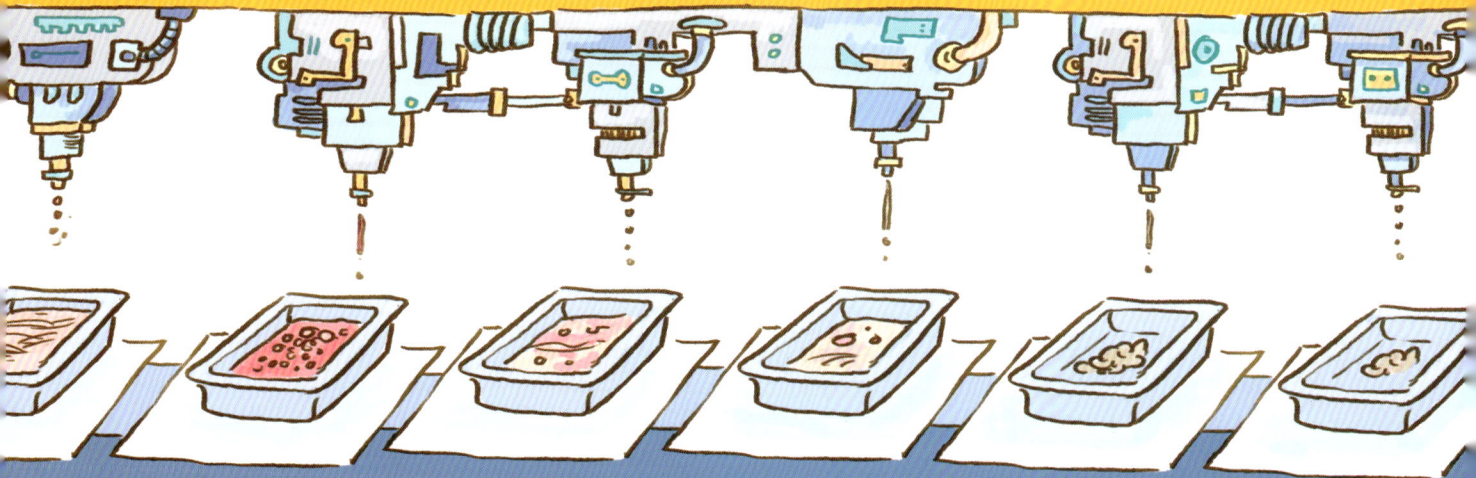

# 你可以放心吃
## 本土的食物

在食品店和超市里，最好是挑选本土的食物。本土食物是什么意思呢？意思是这些食物是种植或者养育在你生活区域附近的地方。

本土食物的品质会更好是因为比起那些需要从遥远的地方运输过来的食物，它们更新鲜、更美味。同样地，因为食物来自于家附近的地方，就不会因为长途运输而产生环境污染。购买本土食物也能帮助一些小的农场主解决销路问题。

这是一个双赢的局面。

# 压力
## 可不是你的朋友

有时候你也许会觉得身体不舒服，也许是头疼，也许是胃有点疼。这感觉就像一种特别让人不舒服的紧张感。这种感觉就叫作"压力"。

在漫长的一天后，你也许会有一个很难的考试或者很重要的比赛，这时候压力就会出现。你能够感知身体的变化是一件好事，只有这样才能调节或者改变不好的状态。当你在考试或者别的活动前一直感到压力，这就是不好的状态。好好睡一觉，放松一下，明白很多事情都不是最重要的，也许能帮助你克服压力。

## 放松一些！

# 超级特别的
# 奶昔

你已经知道每天吃水果和蔬菜的重要性。有时候你会觉得每天并没有吃到这么多的量。不过有两种很健康又美味的食品可以让你获得足够多的水果和蔬菜的营养成分：果汁和奶昔。当你制作果汁时，你会把水果里的汁水挤出来，像橘子汁，喝一口，太好喝了！

奶昔就更棒了！你把水果和蔬菜切好，再加上更多营养的食物，比如坚果和酸奶，然后把它们都混在一起摇一摇。比起果汁，奶昔拥有更多的纤维和维生素。

你会希望父母为明天的早餐做什么样的奶昔呢？

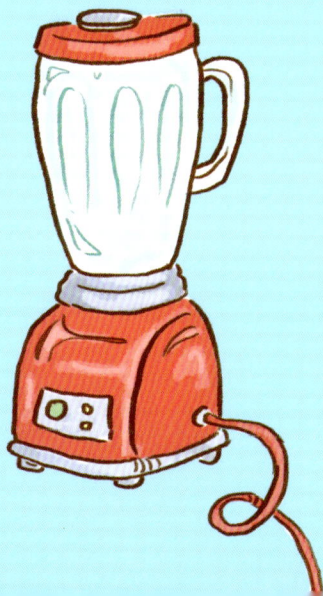

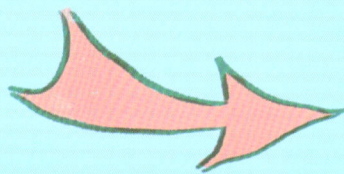

# 要喝水吗？

## 谢谢，我需要。

当你口渴时，最好的饮品就是水。商店、超市、街头和沙滩售卖亭，你可以找到很多种口味的饮料：橙子味的、柠檬味的、可乐味的、巧克力味的……有些含有气泡的，有些是不含气泡的。不过相同的是，它们通常都含有很多的糖，主要的问题就出在这里。

你已经知道了在饮料和食物中有过多的糖是对身体非常不好的。所以口渴时就喝水，这一定是一个无比正确的选择。

口渴时就喝水吧！

# 运动的帮手

在你做运动时，你也许会需要些特别的饮料。这类饮料含有盐和糖，会帮助你补充运动时流汗所流失的物质。

现在你知道了，喝椰子汁然后奔跑起来吧！

你知道他们用椰子汁来做什么吗？嫩嫩的椰子里有着几乎透明的椰汁。除了水，椰汁里还有少量的糖和大量的矿物质盐。对于运动员来说，饮用椰汁是一个很健康的选择，比饮用苏打水和含糖含盐的饮料要好多了。

# 更美味健康的 零食

经过一整天的阅读、蹦跳、玩耍……下午回到家后，突然你的胃开始大声地咕噜咕噜叫。你的肚子饿了！也许你想做的第一件事情就是吃一大包饼干或者几块涂着果酱的吐司。

停下来！你还有其他一样美味但更健康的选择。用拿水果和蔬菜做的点心来安抚你的胃吧。比如，把水果汁冰冻起来做成冰棍儿，或者请父母切水果做成美味的水果沙拉，又或者用像胡萝卜和黄瓜这类蔬菜作为放学后的零食吧。

你还有更好的主意吗？

# 一心多用，
# 小心点儿！

你知道什么叫一心多用吗？那就像当你吃东西的时候，你还同时在写东西、做家务、上网、发邮件或者看视频。一心多用看上去像是一个很棒的节省时间的方法，但实际上，情况并不是这样的。

也许你觉得同时做两件事情，你会完成得更快，然后有更多的剩余时间。但事实却并不是这样的。一心多用会花两倍甚至三倍的时间才能完成相同的任务。因为你的思维一次只能专注在一件事情上。所以到最后，很多事情都没做好，不得不重新做。

如果你不一心多用，
实际上是在节省时间。

# 好姿势，健康的脊柱

如果你多多关注你的脊柱，你的身体会终身感谢你的。你的脊柱实际是很强壮的，但还是需要好好关爱的。这并不难：只需要记得这几个小窍门并且加以实施就行了。

不要弯脖子，要保持头抬起来。当坐着、站着或者走路的时候，你要保持背部直立，不要弯曲（也许一开始的时候会感觉有点奇怪）。还有一个小贴士：如果你要背一个大包，试着不要背很重的东西。如果你确实要背很多东西，试着使用有滚轮的背包，就像拉着那种有轮子的行李箱。

**挺直的背才是健康的背。**

# 说 "谢谢" 的快乐

表达谢意是能让你很开心的事情之一。为别人对你的帮助表达谢意是很重要的。我说的可不仅仅是买礼物表达谢意，谢意还可以是一种情感，以及大大小小的行动。

你不知道如何表达谢意？其实这很简单：想想这一天中发生在你身上的好事，或者你做的好事，内心要保持感激。如果你的父母、老师、朋友或者兄弟姐妹帮助了你，请对他们表达谢意！

说"谢谢"让人感觉真好！

# 在大自然中漫游

你是不是非常幸运地生活在乡村里、大海边或者小河边？我猜你一定已经知道了在开阔的空间中散步的感觉，那是多么棒的感觉啊！出发吧，这是一件非常有益健康的事情，因为它让你的肺充满了新鲜的空气。

大自然充满着美好的事情，你的所有感官都会情不自禁地享受着大自然。森林的清新空气，海洋咸咸的味道，鸟儿在歌唱，波浪拍打着海岸，秋天树叶的五彩颜色，阳光照射下那发着闪闪银光的沙滩……

我们总能在大自然中学习到新东西。

# 宠物：学习和爱

养宠物是学习爱动物的最简单的方法。领养一只宠物是一件很棒的事情，因为它会让你意识到你对它的幸福生活起着重要的作用。你需要好好地喂养它，保持它的房子干净又整洁，还要帮它打扫卫生，清洁身体。

千万别忘了让宠物感受到你浓浓的爱，这点听起来倒不像是个工作。如果好好照顾它们，你的宠物也会爱上你，对你忠诚，一直做你的朋友。

还有比养一只宠物更棒的事情吗？

# 身体和冥想的姿势

瑜伽始于数千年前的古印度。它包含了许多对我们健康有益的事情：运动、放松、冥想……如果你做瑜伽，你就可以学习如何用呼吸使自己的身心平静下来。

不过在瑜伽练习中并不是只有呼吸，你还要学会做出一些姿势并且保持一段时间，这样既能帮助你锻炼身体，还会让你身心平静下来。

深呼吸，一起来做瑜伽吧。

# 和牛奶最像的饮料

你可能已经知道你喝的奶通常来自动物，比如牛、羊、骆驼。等一下：这是全部的来源吗？超市里的杏仁奶、燕麦奶、豆奶、椰子水、米浆……也许通过它们的名字，你已经猜到了它们都来自于植物。

虽然它们不是动物奶，但这些饮料喝起来很美味，看上去和动物奶也很像。那些因为喝了动物奶就会有不良反应的人（因为过敏和不耐受），还有那些想要在饮食中替换掉牛奶的人（比如素食者），他们就会选择喝这些"植物奶"。

你想试一试这些纯植物饮料吗？

# 富有生命力的食物

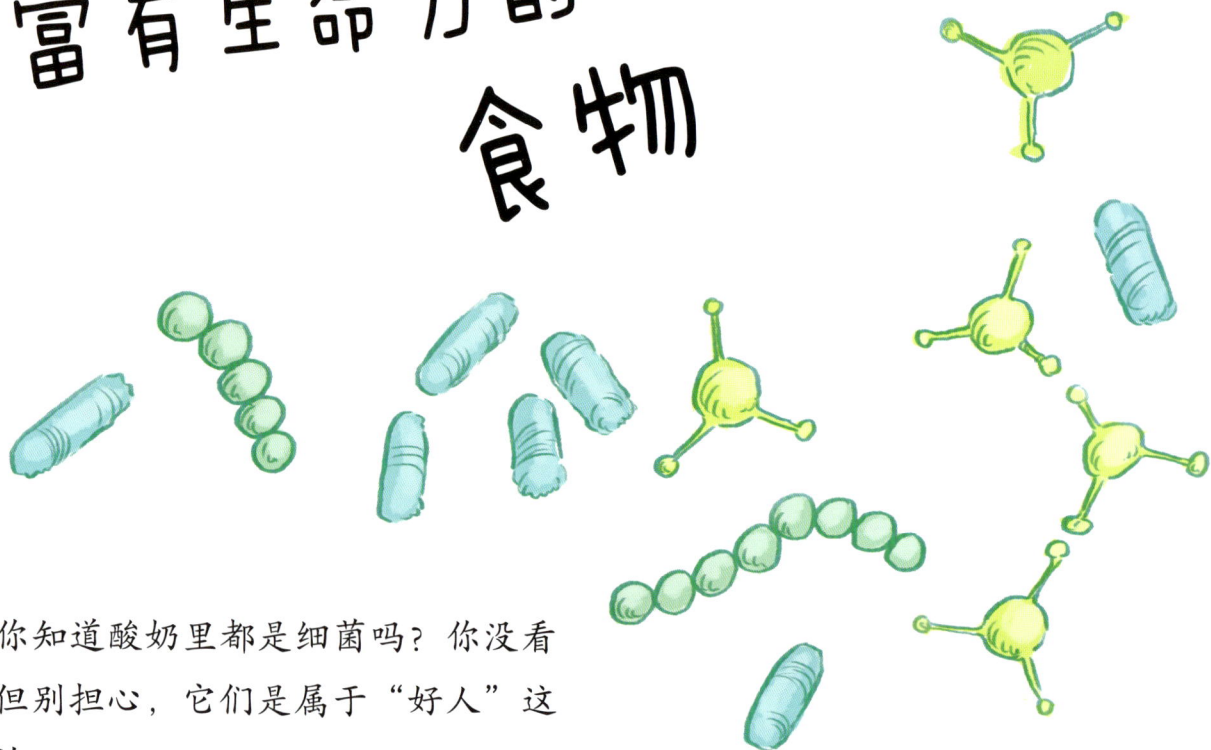

你知道酸奶里都是细菌吗？你没看错，但别担心，它们是属于"好人"这一类的。

当牛奶里放入某些细菌后便会发酵变成酸奶，变成了一种超级棒的有益健康的食物。科学家研究了这些发酵食物中的细菌，发现了它们对人体有着非常多的好处。

每天都喝一瓶酸奶是非常好的！

# 帮助身体运行的
## 微生物

除了酸奶外，还有其他用细菌或真菌发酵的食物。我敢打赌，你的家里现在就有这类食物。醋、泡菜、芝士、巧克力甚至面包都是经过发酵过程的。如果你能适量地食用它们，那么它们对你的身体会非常有益。

你可以在商店里找到许多发酵食品或者益
生菌：纳豆（味噌和豆豉）、牛奶（酸牛乳）、
茶叶（红茶）和蔬菜（酸菜和泡菜）。

大胆尝试一下新食物吧！

# 不止是 运动

如果你不喜欢团体运动，但你又很想锻炼，这时候你可以试试武术，你一定会喜欢上这项运动的。武术有很多种：空手道、柔道、跆拳道、柔术、卡波耶拉……

有些运动主要是用手击打的动作，有些主要是踢的动作，还有一些是需要把你的对手摔到地上。虽然它们各有不同，但它们的共同点是：会让你的身体得到锻炼并帮助你更好地了解自己的身体，建立自信心并学会尊重对手。同样，这也是学习保护自己的好方法。

你想要得到哪种颜色的腰带呢？

# 吸气，呼气……
## 跑起来吧！

你知道如何在运动中正确地呼吸吗？当你出去跑步时，如果天气冷，最佳的呼吸方式就是用鼻子吸气（使进入身体的空气变暖）。如果天气炎热，最好的方式则是用嘴巴吸气和呼气。

为了避免肋骨两侧的疼痛，你可以尝试用横隔膜呼吸。你可以在跑步开始时尝试：将一只手放在胸口上，另一只手放在胃上。 现在，深呼吸，尽量避免扩大胸部。那么这个时候，你就是在用横膈膜呼吸。

想要更好地跑步，
那就要更好地呼吸。

# 运动前的 热身

在做运动前，热身非常重要。它有助于保护你在运动中免受伤害，让你的身体慢慢地热起来又不至于太热。

那么你该怎样做热身呢？很简单：从慢慢地跑步开始，然后一点儿一点儿地增加强度。这样你的肌肉会慢慢活动起来，脉搏慢慢地增快。伸展运动也很有用。热身可以保护你身上的各个关节，比如保护膝盖、脚踝、手腕和肩膀等重要关节在运动中免受伤害。

运动前千万别忘了热身哟！

# 平静下来
## 去感受美好

对于现代的人们来说，生活是如此忙碌……你不得不早起，匆匆忙忙离开家；你有很多的家务活，然后还要做作业、做运动，这一切都让你感到很疲惫。

　　为了消除这些压力，让自己恢复冷静和平静，没有什么比冥想更好的办法了。冥想有很多种技巧：大多数是从闭上双眼开始的，深深地呼吸，尝试着放空自己的思想。可以试着向父母请教这些技巧——如果他们知道的话——也许他们会带你去请教冥想老师。

闭上你的眼睛
放松下来。

# 运动之后

　　和运动前的热身一样重要的是，运动结束后要降温。在激烈的运动和锻炼之后，让身体慢慢地恢复到平静的状态是非常好的习惯。

首先，跑步的速度要慢慢地降下来，然后再走一会儿。做一些简单的拉伸也是一个好主意，这会让你免受伤害。你的心跳和呼吸的速度会慢慢降到正常水平。当身体正在恢复或者已经恢复了，这时候你最好能喝些水并补充糖和矿物质盐。

不要突然停止运动，要先慢下来让身体降降温。

# 没什么事情可做

你知道什么时候是开始做作业的最佳时间吗？不是明天，也不是几个小时后，或者是过一会儿。最好的时间就是现在。如果你总过一会儿再做，那就叫作拖延症，而最后的结果会让你感到更不好受。

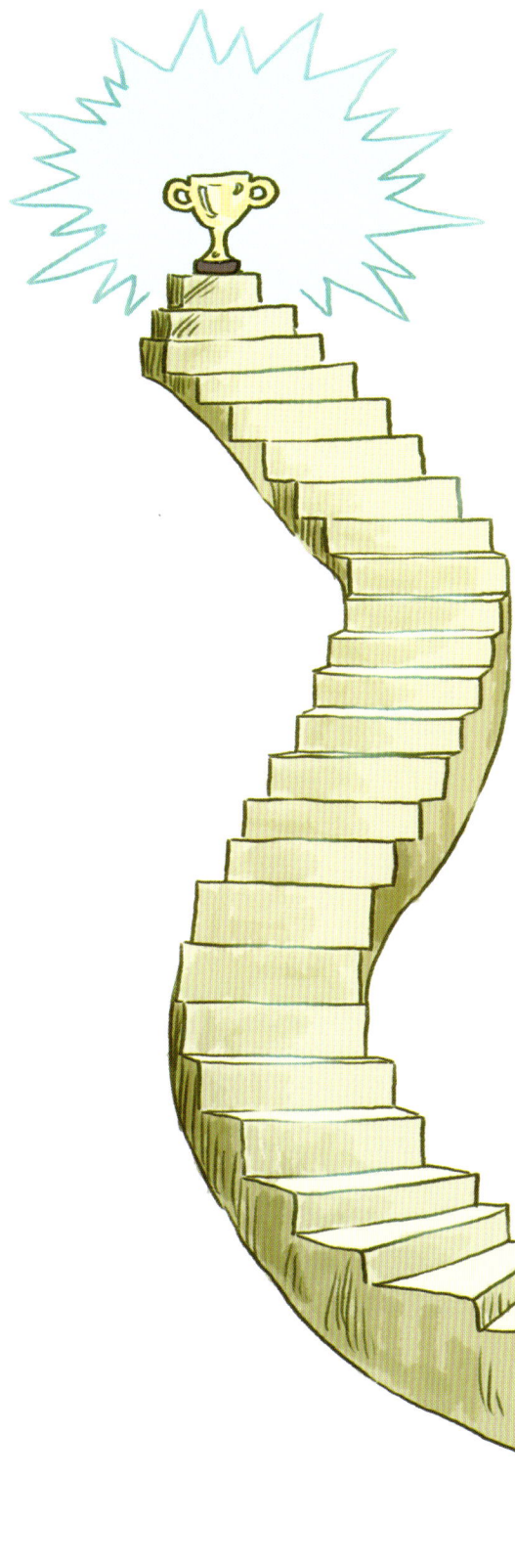

避免拖延其实很简单。首先，请先想一想，你要做的每一件事，不管是耗时最长的还是特别复杂困难的任务，你需要的是从一小步开始，只要你开始了，就会步入正轨。你可以先试试从最简单的任务开始，因为那会鼓励你继续做下去，直到完成任务，慢慢地，到最后你甚至会很意外自己已经完成了全部任务。

**各就各位，准备好，开始！**

# 善于使用你的记忆力

记忆能力是大脑最有用的功能之一。它可以存储大量的信息：短信内容、电话号码、日期、名称、面孔、风景和过去的事情等。

多亏了你的记忆力，你可以在需要的时候恢复这些记忆数据。最棒的是，就像肌肉一样，你的记忆力如果经常得到锻炼就会变得更强，记得更多。有一些游戏能够很好地锻炼记忆力：比如国际象棋、绕口令、西蒙说、电话游戏、专注等等。

而且，顺便问一句，你还记得这本书第一页的内容吗？

图书在版编目（CIP）数据

怎么办：全4册. 保持健康的生活，怎么办？ /(加) 珍妮弗·摩尔-马丽诺斯著；
臻阅文化译. -- 南昌:江西高校出版社, 2021.11
书名原文: Healthy Living
ISBN 978-7-5762-1556-4

Ⅰ.①怎… Ⅱ.①珍… ②臻… Ⅲ.①儿童故事 – 图
画故事 – 加拿大 – 现代 Ⅳ.①I711.85

中国版本图书馆CIP数据核字(2021)第120991号

策划编辑：刘　童
责任编辑：刘　童
美术编辑：龙洁平
责任印制：陈　全

出版发行：江西高校出版社
社　　址：南昌市洪都北大道96号（330046）
网　　址：www.juacp.com
读者热线：(010)64460237
销售电话：(010)64461648

印　　刷：北京瑞禾彩色印刷有限公司
开　　本：889 mm×1194 mm　1/16
印　　张：24
字　　数：450千字
版　　次：2021年11月第1版
印　　次：2021年11月第1次印刷
书　　号：ISBN 978-7-5762-1556-4
定　　价：248.00元（全4册）

赣版权登字-07-2021-813　版权所有　侵权必究

# 成长过程的小问题，怎么办？

[加]珍妮弗·摩尔-马丽诺斯/著

臻阅文化/译

江西高校出版社

# 目录

# 和妈妈
## 一起购物

我喜欢和妈妈一起去超市，因为我可以当妈妈的小助手。我帮忙找到了最新鲜的苹果，把它放进袋子里。我还能从货架上拿到麦片呢。

我练习辨识颜色和数数。我学着认识大家喜欢吃的食物。有时候还有免费试吃的样品！真好吃呀！去超市不仅有趣，还可以学到很多知识。

你喜欢去超市吗？

# 蔬菜
# 真好吃

你知道蔬菜可以帮我们保持健康吗？我的豚鼠喜欢吃健康的食物，比如胡萝卜、芹菜、生菜，甚至还喜欢吃甘蓝。

这些蔬菜让我的豚鼠长得又大又壮，能量满满。就连它的皮毛都因为饮食健康而富有光泽。时不时地，它会尝试一些新的食物。也许它不喜欢吃，但至少它尝试了。

你最近一次尝试的食物是什么呢？

# 加油！

你知道吗？赛车加上油后会跑得非常快！这和我们有些类似。当我们吃了很多水果和蔬菜时，我们不仅会长高、变强壮，我们还会有足够的能量去跑去玩。

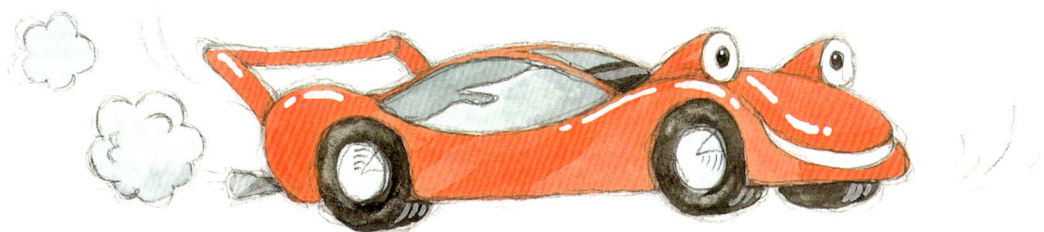

吃健康的食物，比如苹果、胡萝卜
还有甘蓝，会帮助我们健康成长。

你准备吃什么
给自己"加油"呢？

# 你能跟我
## 一起玩吗？

有时候，邀请一个新朋友一起玩有点让人害怕。"你能跟我一起玩吗？"这句话并不难说。你只需要多加练习就可以啦。

有时候想想你和好朋友一起玩的情景，会让出发邀请变得容易些。比如，你们一起从游乐园的滑梯上滑下来，或者一起玩捉迷藏的游戏。如果你不开口问，你永远不会知道这有多容易。

**所以呀，深呼吸一下，然后大胆去说吧！**

# 系好安全带

试想一下我们需要系好安全带确保安全的所有情景。当我们很小的时候，我们被系在手推车里。当我们坐汽车、卡车或者飞机的时候，我们必须系好安全带。

想一想我们在游乐园。如果我们不系好安全带话，我们就没法乘坐小火车或过山车了。如果这些我们都不能坐的话，我们该错过多少乐趣啊！

所以，系好安全带，确保安全！

# 排好队

似乎我们走到哪里都需要排队。在学校的时候，在超市的时候，买票的时候，有时甚至还需要排队去洗手间。在队伍里等待真的不容易，尤其是当我们很着急的时候。

排队还有很多规矩呢。比如，永远从队伍的最后开始排，不能插队。但是，不要太担心，总会轮到你的。

你只是需要点耐心。

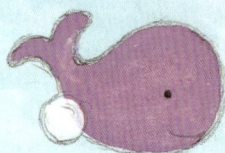

# 洗澡时间到啦!

我的小弟弟喜欢洗澡。他
爱跟他的橡皮鸭子玩。他喜欢
在水里乱踢乱蹬、拍打水花、
把泡泡放在自己头上。

我的小弟弟太小了，他还不懂洗澡可以保持我们身体和头发干净的重要性。他只是认为洗澡时间就是玩耍时间，会有各种各样的乐趣。

你洗澡的时候
喜欢玩什么呢？

# 幼儿园
## 我来啦！

每天早晨妈妈带我去幼儿园。在那里我可以跟朋友们一起玩一整天。有时我们去户外玩，有时我们去探险。老师还教我们用颜料、胶水和小亮片做非常漂亮的小手工。加餐时间我们还能吃到香香的饼干和牛奶。

午睡时间到了，我们听老师讲故事，听着听着我们就睡着了。等我醒了，妈妈就来接我回家啦。

你上幼儿园吗？

# 狗狗 的医生

宠物和我们自己一样，当它感觉不舒服时，它也需要去看医生。狗狗的医生叫兽医。当我的狗狗去看医生时，有时它也得排队等待。

你的医生是怎么
帮助你的呢？

当轮到它时，它会被带进一个特殊的房间，坐在桌子
上。医生会观察它的耳朵、嘴巴，听它的心跳。有时候医
生也会给它开点药让它快点好起来。

# 过马路请 注意安全

过马路时你会怎么保证安全呢？你会停下来查看两个来车方向吗？你会牵着大人的手一起过马路吗？当你骑车时你怎么过马路呢？你是从自行车上下来推着车走过马路吗？

当有红绿灯时，你是等绿灯亮起，
确定安全后才过马路吗？

当你过马路时请注意
安全，遵守交通规则！

23

# 坏人，牙洞先生

牙洞先生并不是一个非常友好的人。他藏在你的嘴巴里，逮到机会就会攻击你的牙齿。战胜牙洞先生唯一的办法就是每天都刷牙。我喜欢用我泡泡糖口味的牙膏打败牙洞先生。这使刷牙变得有趣多了。

确保牙洞先生没有侵入你的牙齿！

# 做不完的家务

很多小朋友都抱怨要做家务，但是我例外。我喜欢当一个小帮手。晚餐前后，家里每个人都要做一件特殊的工作，比如准备好餐桌、倒牛奶，甚至洗碗等。

当我们一起做的时候，不仅家
务做起来更快了，而且我们还有更
多时间做其他有趣的事情。

你在家里做
什么家务呢？

# 该上学啦！

有时候，大清早从热乎乎的被窝里爬出来去上学真是件不容易的事。但是一旦起床，我就要做好上学的准备。我跟好朋友一起乘校车，抵校后一起走进我们的教室。

我们的老师太酷了。她帮我们
建好火山让岩浆喷出来。在学校学
习有时候会很难，但大部分时间都
很有趣。

我爱学习！

# 不要跟陌生人讲话

想一想所有你去过的地方和见过的人。尽管有的人看上去很友好，但我们并不知道他是不是真的友好。

所以，跟陌生人说话可能不是个好主意。但是，如果当你需要帮助，而你又必须跟陌生人说话的时候，你应该找谁呢？

问问你的爸爸或妈妈，听听他们是怎么说的。

# 学会系鞋带

我还在尝试系我的鞋带。将鞋带这样打结、那样打结真的好复杂。有时候我会晕头转向。

但是，当妈妈教了我一首"系鞋带歌"，帮助我记住系鞋带的步骤后，系鞋带就变得越来越容易了。就像其他事情一样，第一次学的时候总需要多加练习。

你可以做到的！

# 需要帮助就张口问

你知道每个人都会需要别人的帮助吗？如果需要帮助你只需张口寻求帮助就可以啦。在学校，你可以请老师帮忙。如果你牙疼，你可以去看牙医。如果你感到难过，可以让妈妈、爸爸或兄弟姐妹帮你调整心情。

有很多友好的人愿意帮助你。你知道吗？每当我帮助了一个朋友，我都会觉得很开心。

所以，请记住，当你需要帮助时，你只需要张口问。

# 不要忘了
# 你的头盔

每当我骑自行车、滑滑板或单脚滑板车时，我总是戴着头盔。我的头盔棒极了，上面有很多不同的颜色和图案。

戴头盔是很明智的做法，因为万一我摔倒了，头盔可以保护我的头。摔倒撞到头的话会很疼的。所以玩的时候要注意安全，不要忘了保护你的头。

**戴上头盔！**

# 安全玩水

我们都知道鸭子会游泳。但是即使是小鸭子也得遵守安全玩水的规则。它必须总是和伙伴一起游泳，而且没有爸爸或妈妈的陪伴不会靠近水。

小鸭子也不可以在夜晚游泳。游泳虽然很好玩，但是安全永远是第一位的。

还有哪些你需要遵守的安全玩水规则呢？

# 拿起一本书

想一想，当你打开一本书开始阅读时，你会学到新知识，经历各种探险。你可以了解到各种动物、岩石以及世界上不同的地方。你甚至可以穿梭时光！我就去过中世纪，和穿着闪亮盔甲的骑士做朋友。我和恐龙一起散步。我甚至坐上宇宙飞船去过外太空。

## 你有最喜欢的书吗？

# 嘴张大，
# 霸王龙

小霸王龙也许是个小家伙，但它也有很大很锋利的牙齿。为了保持它的牙齿健康强壮，它需要每六个月去见一次恐龙牙医。

当小霸王龙去见牙医时，它需要把嘴张得很大，这样牙医才能清理它的牙齿。当牙齿清理完毕后，小霸王龙可以从宝箱里挑一个奖励。这次它得到了一支新的牙刷。

笑一笑，霸王龙，让我们看看你闪亮的牙齿！

# 小猫小猫
## 快过来

我的名字叫米罗，我的妈妈有13只猫宝宝。现在我有6个兄弟和6个姐妹。有时候有这么多兄弟姐妹会让事情变得很难，尤其是当我们不得不等候或分享的时候。

但是，总有伙伴和我一起玩，睡觉的时候也总有伙伴可以挤在一起。

你有兄弟或姐妹吗？

# 试着想象一下

你有没有想象过走在月球上的感觉？我想过，而且很有趣。关于想象，最棒的就是我们可以去任何我们想去的地方。我们只需要闭上眼睛想象就可以了。

我们可以浮在云上，可以骑着大象穿越丛林，或者在大海里和海豚一起游泳。闭上眼睛，大胆想象吧！

你的想象把你带到哪里去了？

# 丰富的手工

　　我喜欢做手工。并不仅仅是因为做手工很好玩，而是因为我喜欢自己动手做东西并把它送给对我来说特殊的人，比如一张生日贺卡。做手工我喜欢用各种各样的材料，比如颜料、胶水、蜡笔、亮片、棉线、丝带，甚至可以是通心粉。

把手弄得脏乎乎的很有趣。更棒的是，看到这些对我来说特殊的人收到我做的手工时那高兴的样子。

你喜欢做什么手工呢？

# 请讲 礼貌

有礼貌是什么意思？它可以是指我们常说的"请"、"谢谢"和"对不起"。也可以用很多其他方式展示我们很有礼貌，比如在队伍里安静地等待，帮朋友扶着打开的门，或者送给一个正在难过的朋友一个大大的微笑。

讲礼貌表示我们关心别人。
当我们展示出我们的关心时，别
人也会展示出他们的关心。

知道吗，礼貌是
可以传染的！

# 告诉家长

　　有的小朋友喜欢把所有事都告诉家长，但是有时候我们必须说出来。尝试让好朋友脱离麻烦是一个好朋友该做的。

你是一个怎样的
好朋友?

任何时候，当有人可能
会受伤时，比如有小朋友偷偷
玩火柴，告诉家长就是正确的
选择。

# 你听到了吗？

你怎么知道别人在听你说话？每个人都知道我们用耳朵听声音，但是你能知道别人是否真的听到你说的话了吗？

为了表示我在听，我会停下手中的事情，闭上嘴巴，看着说话的人。

你听到我说的了吗？

# 分享
## 就是关心

有很多种方式可以表达我们对别人的关心。我给我妹妹的我展示关心她的一种方式，就是跟她分享。我会分享我的玩具，分享我的想法，甚至分享饼干盒里的最后一块饼干。

但是你知道有些东西我不能分享，比如我的牙刷，我的鞋子，尤其是我的病菌。

有谁知道，有时候不分享也是一种关心！

# 害怕
# 黑暗

小熊和爸爸妈妈一起住
在一个洞穴里。白天，洞穴
非常明亮，充满阳光。但是
晚上，洞穴里变得非常黑，
非常吓人。我们能帮助小熊
一家做什么呢？

好主意！我们可以装一罐子萤火虫给它当小夜灯。早上的时候，我们谢谢萤火虫帮助了小熊，放飞了它们。

如果你害怕黑暗那你会做什么呢？

# 我的床下有
# 怪物?

在深夜里,当我躺在床上时,有时候我觉得床下好像有怪物。

我知道世界上没有怪物，但是有时候我的想象力战胜了我。现在，每晚我睡觉前，妈妈和我都要检查一下床底。那里没有怪物，只有一堆灰尘。

你的床下有什么呢？

# 学习很
# 有趣！

作为小孩最棒的一部分就是，我们可以去玩，去探险，去找乐趣。这就是我们学习的方式。每次我跟家人一起在森林里徒步时，我都能学到很多东西。

我学习科学和自然知识，
也学习动物和植物知识。

探索也是学习。

# 我想要
## 妈妈！

　　每隔一段时间，不管我多大了，我都想要妈妈。比如我在学校里测试得了A，我很高兴。迫不及待地想告诉我的妈妈。

或者我的肚子疼我感到很难受，或者我的朋友不跟我玩我很生气，我也想要妈妈。妈妈总让我感觉很安全。而且，她总是知道该说些什么。

妈妈，我爱你！

# "沙发马铃薯"

每个人都喜欢蜷缩在沙发上，靠着枕头，盖着软软的毯子看自己最喜欢的电视节目。但是你知道吗？如果你在沙发上坐得太久，你就会成为一个"沙发马铃薯"。

看一会儿电视或者玩一会儿电子游戏是可以的，但是太久了就对你不好了。所以，关了电视，放下遥控器去玩吧。到户外去跑跑，玩接球游戏或者去徒步。

不管你做什么，都不要成为一个"沙发马铃薯"！

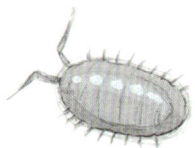

# 侦探
# 戴夫！

侦探戴夫喜欢探险。带上捕虫器、放大镜和有用的书，他就做好了探险的准备。可以去森林、游乐园，甚至他家后院探险。

　　想想自然界中的各种声音和气味。有那么多东西可以观察，比如说树洞，草地上的牲畜，地上的花，以及树上的树叶。探险有趣极了，不过一定要注意安全。

**你喜欢在哪里探险呢?**

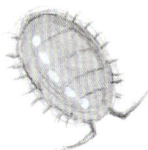

# 晚安
# 晚安！

你知道每个人都需要睡觉吗？我们的宠物也需要睡觉。即使是森林里或丛林里的动物也需要休息。有的晚上睡，有的却是白天睡。但是不管怎样，我们都需要让我们的身体和大脑休息。

晚安晚安！

　　有时候我们并不想上床睡觉，但是当我们睡个好觉后，我们会感觉很舒服，开始新的一天。所以啊，闭上眼睛休息会儿吧！

# 摇摆，摇摆，摇摆，

你喜欢跳舞吗？我喜欢放着音乐在家里跳舞。我跳啊，旋转啊，拍手啊，摇摆啊。妈妈说，当需要听话的时候，我必须听话。当该做家务的时候，我必须做我该做那部分家务。

但是，该跳舞的时候，我们跳舞！没有比边唱歌边舞动身体更让人快乐的了。这种感觉真的很棒！

跳起来吧！

# 学吧！

你知道你家的地址和电话号码吗？记住这些花了我好长时间，不过我终于记住我家所在的街道及门牌号了。

我甚至记住了家里的电话号码以及爸爸妈妈的手机号。你永远不知道你什么时候需要这些，但它们真的很重要。

你知道吗？随时可以给家里打电话让我很有安全感。

# 混合和
## 搭配

现在我是个大孩子了，我需要自己挑选我上学穿的衣服。选择不同款式和颜色的衣服，把它们搭配起来，太有趣了。

我知道有时候我的搭配并不很合适，但是我很骄傲。每隔一段时间，我需要朋友帮助我挑选点特别的衣服穿。但大部分时间，我都是自己搭配衣服。

你喜欢穿什么样的衣服呢？

# "欺负欺负"
## 快走开

没人想欺负别人，也没人想被人欺负。大喊大叫、推人、踢人、打人、说很刻薄的话，这些都不对。如果有人对你这样，请远离他们。

如果你在游乐场看到有人被欺负，请寻找大人帮忙。你知道吗？很多被欺负的人后来都变成了欺负别人的人。

如果你或你的朋友被人欺负，你该怎么做？

# 有时赢,
## 有时输

玩游戏或者进行体育运动的时候,能赢的感觉真是太棒了。但是我们不可能总是赢,有时候我们也会输的。成为一个好的输家和成为一个好的赢家一样重要。

你喜欢玩什么样
的游戏呢？

如果总是赢该多无聊啊！我们就再也不想尝试了，
那一点也不好玩儿。当你赢的时候高兴，当你输的时候
也不要气馁。

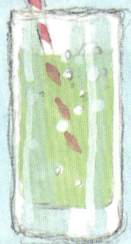

# 一饮而尽！

当你很渴的时候，你喜欢喝什么？牛奶还是果汁？白水还是苏打水？你知道果汁和苏打水里有很多糖吗？太多糖对我们的身体可不太好。喝水或牛奶对我们更好，尤其我们正在长身体。水和牛奶让我们健康且强壮。

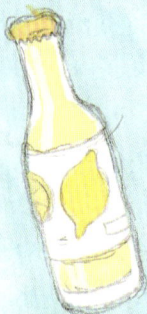

偶尔喝喝果汁和苏打水也是可以的。

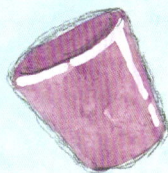

# 不要乱跑

老师、父母甚至爷爷奶奶多少次告诉我们不要乱跑。不管我们去哪，和谁在一起，都要牵着手靠近大人，不要乱跑。

　　和朋友去野外或者和爸爸妈妈去游乐场都很有意思。但是如果把自己弄丢了的话就糟糕了。

所以，玩得时候一定要注意安全，不要乱跑。

# 滴答 滴答

你猜怎么着？我在学习看时间。你知道钟表有一张脸和两只手吗？一只手短，一只手长。钟面上只有12个数字，从1开始。跟其他事情一样，学习新东西需要不断练习。

知道怎么看表非常重要，因为它可以帮助我们按时到校，准时去见医生，甚至按时参加最好朋友的生日聚会。

没人想迟到。

# 重要的 工作

我是只狗，但是我有很重要的工作。我照顾我的人类家庭。我每天带他们散步。当他们不开心时，我凑上去安慰他们。

有时我做了点傻事，比如我开始唱歌时，他们会被逗得哈哈大笑。照顾我的人类家庭是一项重要的责任，也是我最喜欢的工作。

你在家里有什么重要的工作要做么？

# 傻乎乎

一个著名作家曾经说过，偶尔
傻傻的也没事。我想她说得对。作
为一个孩子来说，我们可以傻乎乎
的，但是大人却不可以。

我们可以扮鬼脸，穿并不搭配的衣服，和好朋友咯咯地傻笑。这些都是孩子的一部分。但是要记住，尽管我们可以傻乎乎的，但是也要分时间和场合。

你都做过什么傻事？

# 打扫我们的 房间

有时候，把我的东西收拾得规规矩矩真的好难，尤其是卧室。但是在妈妈给我展示了如何把书、玩具、手工以及衣服收拾好后，收拾房间就变得容易起来。

现在所有的东西都有了
自己的地方。我的卧室变得
更大更温馨了。

你该怎么规整自
己的东西呢？

94

# 每天玩得
# 开心

作为一个孩子，除了一些活儿要做外，还
有很多乐趣。比如骑骑你的自行车，爬爬树，
和好朋友一起玩捉迷藏。享受每一天吧！

大笑起来！

**图书在版编目（CIP）数据**

怎么办：全4册. 成长过程的小问题，怎么办？ /(加) 珍妮弗·摩尔-马丽诺斯著；
臻阅文化译. -- 南昌：江西高校出版社，2021.11
　　书名原文: Growing Up: Babies to Big Kids
　　ISBN 978-7-5762-1556-4

　　Ⅰ.①怎… Ⅱ.①珍… ②臻… Ⅲ.①儿童故事 – 图
画故事 – 加拿大 – 现代 Ⅳ.①I711.85

中国版本图书馆CIP数据核字(2021)第120648号

策划编辑：刘　童
责任编辑：刘　童
美术编辑：龙洁平
责任印制：陈　全

出版发行：江西高校出版社
社　　址：南昌市洪都北大道96号（330046）
网　　址：www.juacp.com
读者热线：(010)64460237
销售电话：(010)64461648

印　　刷：北京瑞禾彩色印刷有限公司
开　　本：889 mm × 1194 mm　1/16
印　　张：24
字　　数：450千字
版　　次：2021年11月第1版
印　　次：2021年11月第1次印刷
书　　号：ISBN 978-7-5762-1556-4
定　　价：248.00元（全4册）

赣版权登字-07-2021-813　版权所有　侵权必究

# 我有这样的情绪，怎么办？

[加]珍妮弗·摩尔-马丽诺斯/著

臻阅文化/译

江西高校出版社

# 目录

# 我感到平静

感觉到平静的时候是指当你的身体安静了，也没有什么想法的时候，感觉就像飘浮在云上一样。

有时候，当我的心怦怦直跳，变得紧张，我必须要深呼吸三次，鼻子吸气，嘴巴呼气。当我的呼吸缓慢下来时，我的声音会变得温柔起来，我的手臂和大腿也会放松下来，这时候我感到平静。

坐在温暖舒适的炉火旁，凝视着夜晚的满天繁星，我感到十分平静。

## 我的狗很激动

你知道我放学回到家的时候，我的狗会变得很激动吗？它太高兴了，以至于它看上去好像在笑。有时候我的狗实在太激动，它会找出它最喜欢的那个玩具，用嘴叼起来，甩来甩去，然后把它抛到空中。

感觉傻乎乎的又充满能量，这是一种快乐和有趣的感觉。

# 我的娃娃感到很舒服

我的小娃娃叫凯莎。每次我用毛茸茸的毯子把凯莎包起来放到床上，它都会觉得很温暖、很舒服。凯莎喜欢被抱在怀里轻轻地摇晃。

你知道吗？所有让凯莎感到舒适的东西也会让我感到舒适。在寒冷的雨夜，包裹上毛毯，依偎在爸爸妈妈身边，没有什么会比这更让我温暖的了，这就是舒服。

**什么事情会让你觉得舒服呢？**

9

## 我是一只脾气暴躁的熊

　　有时候我心情不好，妈妈会说我是一只脾气暴躁的熊。当我感到暴躁的时候，我会变得易怒又倔强。有时候我甚至会大叫，会生闷气，还会说一些刻薄的话，那样非常不好。我知道每个人都会有发脾气的时候，但重要的是当你感到暴躁的时候，你选择做些什么。我会一个人去一个安静的地方待一会儿，散步也能帮助我摆脱心里那只暴躁的小熊。

　　**当你感到烦躁时，你会怎么做呢？**

# 树懒先生懒洋洋

你知道吗？树懒先生总是懒洋洋的。它的动作很迟缓而且总想躺着，什么也不想做。有时候树懒先生觉得这样太懒，它也会起来动一动，虽然这些动作会耗尽它所有的力气。偶尔的安静懒散是没有关系的，但是到了该做事情的时候，还是要站起来动一动。

**你有过懒洋洋的感觉吗？**

13

## 杰克很期待

　　当孩子们转动曲柄，音乐开始播放，杰克开始感到很兴奋。他很期待，他已经准备好从音乐盒中突然跳出来了。杰克希望当他弹跳到高处的时候，能看到朋友们都露出惊讶的表情。期待的感觉就像在你生日派对的前一晚，你迫不及待地想要打开所有礼物时的感觉。

**期待的感觉，多么有趣啊！**

# 我真失望

你有没有过非常非常想做某件事情的时候，却因为某些原因没办法去做呢？这时你会产生一种失望的感觉。我和我最好的朋友约好了一起去公园玩，但是因为大暴雨我们没办法去了，我感到非常失望。不过为了摆脱失望和沮丧，我们一起做了一些别的也很有趣的事情。

**如果你感到失望，你会怎么做呢？**

# 我的赛车感到很自豪

　　我的赛车身披红色的闪亮新漆，它正在等待小旗子落下的那一瞬间冲出起跑线。出发吧！我的赛车在赛道上飞速行驶，努力地争取胜利。四圈过后，我的赛车胜出了！你有没有尝试过非常努力地做一件事情，最后做成功了的时候，就是那种成功后的自豪感觉。戴上亮闪闪的金牌，我的赛车十分自豪。

**　　太棒了，我的赛车成功了！**

03:00

## 我觉得很安心

爸爸妈妈让我感到安心，因为他们一直在我的身边。当我生病时，他们照顾我；当我因为做噩梦而感到害怕时，他们让我躺在他们的床上；当我们坐车外出时，他们会确保我坐在安全座椅上，系上安全带，平平安安的。

**那么什么会让你感到安心呢？**

# 内 疚

　　你曾经做过一些明知不能做但还是做了的事情吗？比如，说谎和偷吃饼干罐里的饼干？做了这些事，你会感觉很糟糕。当我的小狗被发现做了错事时，它会感到内疚。它会用它的大眼睛看着我，耷拉着耳朵，夹着尾巴。内疚是一种不好的感觉，所以当你做了让你感到内疚的事情时，赶快改正过来吧。

　　**那么下一次就不要再做这样的事情了！**

23

# 大自然妈妈今天很愉快

　　阳光明媚的时候，温暖的微风和唱歌的鸟儿，都会让你知道大自然妈妈的心情是愉悦的。当大自然妈妈感觉快乐时，她也会让所有人感觉到快乐和自由，就像白色蓬松的云朵自由飘浮在天空中。愉快是一种好的感觉，所以每天找一样让你感到开心和幸福的事情做吧。

　　　　　　　　　　　　微笑！

## 嫉妒是不好的事情

当你很想要一样东西，这样东西自己没有，但别人拥有时，你可能会感到嫉妒。我特别想在拼写测试上得到A，我朋友得到了A，但是我只得了B。这让我感到生气和嫉妒。你知道当一个人感到生气和嫉妒时，会说一些难听的话或者做一些刻薄的事情吗？嫉妒是一种不好的感觉，对别人做一些刻薄的事情更是不对的。

为自己所拥有的东西感到开心，不用为自己所没有的东西感到担心。

# 那只胆小害怕的小鹿叫娜丽

你知道小鹿会时常感到害怕吗？你看见过小鹿宝宝吗？它看起来有点胆小，从一棵树跑到另一棵树，试图把自己藏起来，人多的时候更是如此。当小鹿娜丽在草地上听到一点儿点儿动静时，它就会感到不安和紧张。它会用最快的速度跑到妈妈的身边。离妈妈近一些会让小鹿娜丽感觉到安全。

**有什么事情会让你感到害怕呢？**

## 像橡皮筋一样紧张

　　你有没有试过拉一根橡皮筋，不管你怎么用力，它还是很紧，没办法舒展开来。有时候，我也会感到紧张和压力，我的肌肉就会紧绷和僵硬。这通常发生在我去看牙医的时候，我感到有点害怕、有点紧张。

　　深呼吸能帮助我的肌肉放松下来。

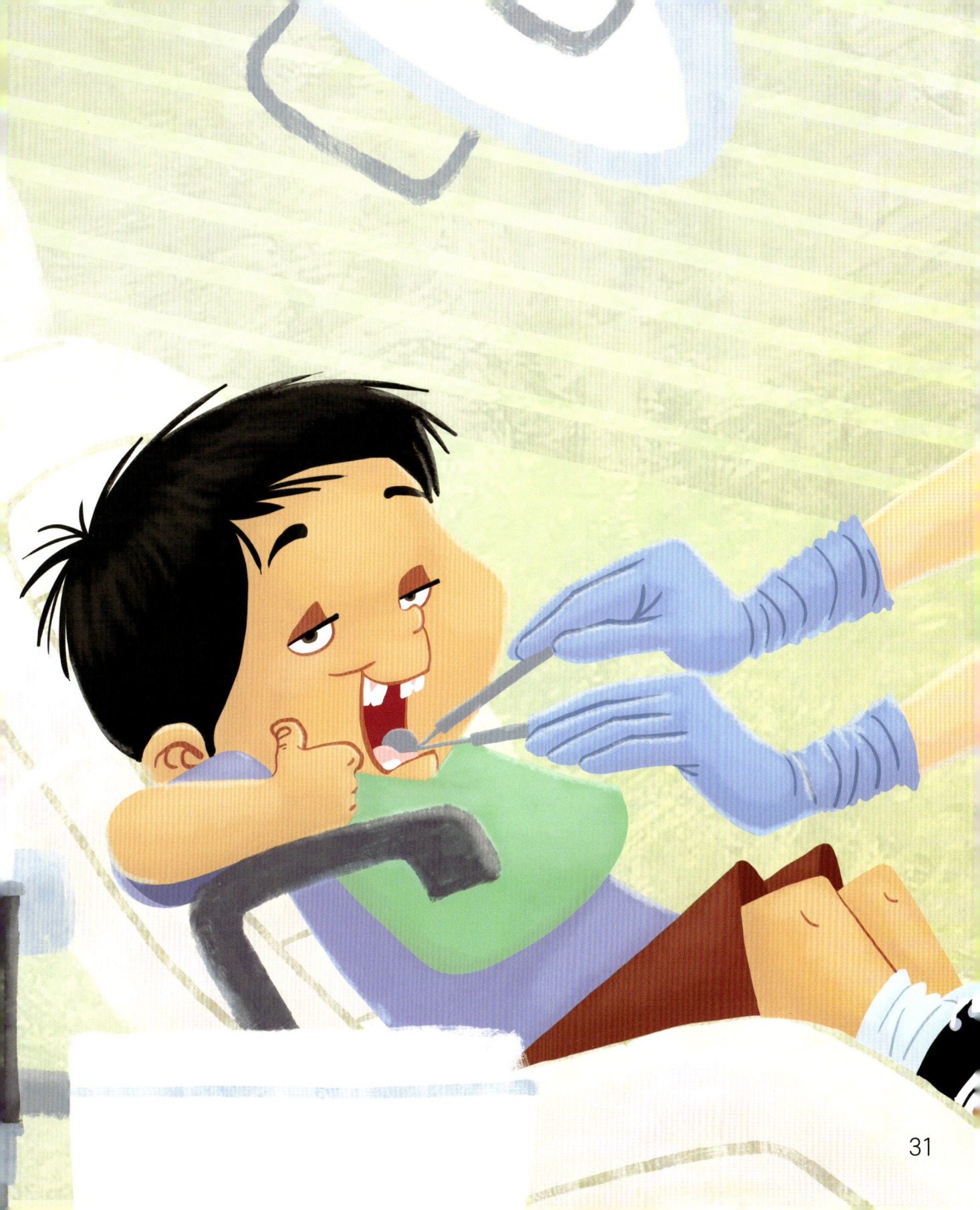

# 有时候我会感到担心

　　有时候我会被一些事情困扰着，脑子里总会想着这些事情，比如，下周将要有一场数学考试，我该怎么办？又比如，万一哥哥发现我骑坏了他的自行车，我该怎么办？

这时候我觉得我该做点儿什么，让事情变得好起来。担心、紧张和害怕不是好情绪，不过我知道如果我努力学习，坦白真相，大部分的担心都会消失。

**你会担心什么事情呢？**

# 令人沮丧的陀螺

　　有没有一件事情，你想做，但不管怎么努力，你就是没办法完成。就像一个陀螺想要保持旋转，但过了一会儿它还是会倒下。你会感到沮丧和生气，像陀螺一样，这种感觉让你想要放弃，但请别忘了，如果你一直尝试，也许你就能成功。

　　想一想，你有过感觉沮丧想要放弃的时候吗？

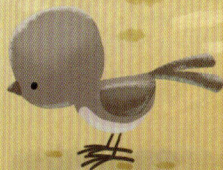

35

# 我的泰迪熊感到被人爱着

当我用心照顾我的泰迪熊，给它很多很多的温柔拥抱，它就会感受到被爱的感觉。我花了很多时间照顾我的泰迪熊，满足它的所有需求，这让它感到快乐和满足。这种温暖又快乐的感觉和你知道自己是被爱着的感觉是一样的。知道有人这么关注你，是一种很棒的感觉。

**有谁会让你感觉到自己被人爱着呢？**

# 恐惧之球

恐惧包含了很多不好的感觉，害怕、担心、紧张，全部混合在一起就变成了一个巨大的恐惧之球。在雷雨天，一个人睡觉就会让我感到恐惧。每当我看到闪电划过，每当我听到隆隆的雷声，我的心跳就会变得非常快，我吓得全身出汗。躲在毛毯下是唯一能让我停止发抖的做法。

**有什么东西会让你感到恐惧呢？**

# 热情似火，多么让人兴奋啊

我有一个梦想，成为一个摇滚明星，成千上万的人来听我唱歌。当我走到台上，人们就开始变得疯狂、变得兴奋、变得快乐，他们欢呼、鼓掌、跳跃，热情似火，这是一种多么强烈的感情啊！

你有没有过兴奋得像要燃烧起来的感觉呢？

## 我不喜欢羞愧的感觉

当你知道自己做错事情的时候，那种感觉真糟糕，就像你因为朋友没有做过的事情而错怪她，还让她因此惹上了麻烦，这种感觉太不好了，真想找个地洞钻进去。你会为你做过的事情感到难过和抱歉的。

向朋友道歉并保证再也不会发生类似的事情，这样做也许会让事情有所好转！

## 我感到尴尬

　　我永远不会忘记那种尴尬的感觉：玩水滑梯时，因为速度太快，我的泳衣破了！当我离开泳池时，我的脸又红又热。我想用衣服遮住泳衣上的洞，我感到十分难堪，我想躲起来。不过可笑的是，除了我，没有人留意到我衣服上破了个洞。

　　**你有过感到尴尬的时候吗？**

## 傻乎乎的小丑

小丑总是傻乎乎的！为了让我们笑，他们会做些有趣的事，比如，被自己的大鞋子绊倒，穿五颜六色的衣服，做鬼脸等。当我感到自己傻乎乎时，那感觉就像肚子上有个泡泡，当泡泡破了，我就咯咯地笑，手舞足蹈起来。

**有时候傻傻的也挺好。**

# 翻斗车感到不耐烦了

它很着急，高速公路上的所有卡车都开得太慢了。这让它生气又恼火。这时候，翻斗车会按下它的喇叭。提醒所有人加快速度。

有时候等待的感觉真不好受！

有什么事会让你感到不耐烦呢？

## 害羞先生

当你到了一个陌生的地方，有很多人你都不认识，有没有某个时刻会让你只想躲在桌子下面不出来呢？每当我遇到新朋友，他们都会对我说"你好"，可我只是一声不吭，我看向别的地方，甚至想把我的脸藏起来。这时候，妈妈会说我是一位害羞先生。

**有什么事情会让你感到害羞呢？**

# 困 惑

　　你有过不知道该做什么或者不知道该往哪边走的感觉吗？你有过越思考就越迷惑的感觉吗？每次遇到两条轨道，我的火车就感到困惑，不知道该往哪边开。每当这时候，我就会帮它选择一条轨道。遇到困惑时，向别人求助也是一种正确的方法。

　　因为每个人有时候需要一点儿帮助才能想得更清楚，包括我的火车。

## 孤独的幽灵城

独自一人穿过无人的小镇，只听到自己的脚步声。小镇一片寂静和阴沉，这种感觉一点儿也不好。当我感觉孤独时，我会叫上我的兄弟姐妹一起玩。

**当你感到孤独时，你会做些什么呢？**

# 害怕游泳

　　你有没有过学习一种你很害怕的运动？学习游泳就让我很害怕。刚开始的时候，我走到池塘或者沙滩边，我会想哭，想要马上逃离。不过你知道吗？尝试学习新东西时，有害怕的感觉是正常的。你猜怎么着？我用了很长时间跟着游泳教练学习，现在我已经爱上游泳了。我克服了我的恐惧！

**有什么事情是让你害怕的呢？**

## 喜欢嬉戏玩闹

难道你见过会坐着不动的小猫？我没见过。小猫们总是很忙碌，到处乱跑，追自己的尾巴，和小伙伴打闹摔跤。当小猫们充满活力，感觉全身充满能量的时候，它们还会做恶作剧，比如，缠绕团毛线球。

小猫们就是想开开心心的。嬉戏玩闹真是一种好心情！

# 无　聊

　　有时候，在寒冷的雨天，我无事可做，感觉很无聊。我一点儿力气也没有，感觉很累，懒洋洋的。我没有感到开心，也没有感到伤心，我就是觉得无聊！想要摆脱这种无所事事的感觉，最好的办法就是站起来动一动。也许约个朋友玩，或者挑一本好书看，都是好办法。

　　**不管怎样，开始做些事情吧。**

## 疯狂沸腾的水壶

你见过沸腾的水壶吗？滚烫的蒸汽涌出来，盖子像是快要被掀起来了。恼火的感觉是一个需要解决的问题，这感觉比生气还要糟糕。就好像是要爆炸了。不过，不像沸腾的水壶一样无法停止，我们是可以停止恼火的情绪的。试一试，深呼吸，放松自己的身体。

当我们充满愤怒时，我们是没有办法解决问题的。

# 调皮捣蛋的瑞奇

浣熊瑞奇喜欢探索，但有时它的好奇心会让它陷入麻烦，尤其是当它想在垃圾桶里找出一些美味的食物的时候。瑞奇使坏推倒垃圾桶时，它会觉得好玩，有点偷偷摸摸同时又感觉有点淘气。

**有时，你有感觉到自己在调皮捣蛋吗?**

# 我的泰迪熊心怀感激

当泰迪熊不想一个人待在家里时，我就带着它一起去上学，它感到很放松，也很高兴。它躲在我的书包里，和我一起乘坐校车，这让它充满感激之情。你有没有试过当你得到某样东西时会特别高兴，然后你不停地说"谢谢"呢？

表现出我们的感激是很重要的，可以是一个拥抱，也可以是一声"谢谢"，还可以是一张特别的留言条。

## 我很勇敢

你有没有试过做一件你虽然害怕，但是应该要做的事情呢？那就是勇敢的感觉。我记得我弄丢了姐姐最心爱的发卡后，我花了很长的时间才鼓起勇气告诉姐姐真相。姐姐挺伤心的，但她还是很高兴，因为我告诉了她事实。

你有没有试过做一件特别难开始但是又不得不开始做的事情呢？

## 我觉得很伤心

你有没有过特别特别伤心的时候，感觉伤心得心都要碎了？那种感觉很痛苦。我记得当我的小狗生病时，它再也好不起来的时候，我感觉很伤心，我觉得我再也笑不出来了。我的朋友想要安慰我，但无论他们怎么说、怎么做，我还是很伤心。我感觉心碎了，不停地哭泣。随着时间的远去，我慢慢感觉好些了。

我永远不会忘记我的小狗，在它去世后我是多么伤心。

# 学校里的小霸王让我感到恐惧

每天午饭时，小霸王比利都会来我的桌子旁，露出不怀好意和让人害怕的表情，他想要我午餐盒里的饼干。我不想给他，但是比利不停地来烦扰我，恐吓我，他紧盯着我，用刻薄的声音对我说话。恐惧的感觉真不是一种好感觉。

实际上，这种感觉是在告诉你，你应该向大人寻求帮助了。

# 没 劲

　　每个人都会有感到没劲的时候。那种感觉就是无所事事，没什么有趣的好玩的事情可做。你能做的就只有不停地说"我好没劲"。这时候你就该找些事情来做了。你要知道没劲的时候就是该尝试做些新事情的时候了。

　　有趣的是，一旦你开始做一些事的时候，你就会忘了你觉得没劲时的感觉了。

## 猛烈的风

    狂风呼啸着穿越沙漠，吹走了除大树以外的所有东西。大树站得又直又稳，因为大树深深地扎根在土地里。不管狂风怎么吹，大树巍然不动。那些树是那么坚强和自信！

    **你感到坚强和自信的时候是什么时候呢？**

# 像我那睡着的小弟弟一样满足

你见过熟睡的婴儿吗？每当我的弟弟熟睡的时候，他看起来是如此平静快乐。在睡觉前，他洗了个温水澡，喝了一瓶奶。接着他在婴儿床中充满安全感地蜷缩着呼呼地睡着了。温暖的衣物和饱饱的肚子让我的弟弟特别满足。他拥有了所有他想要的东西，还拥有了很多的爱。

**什么事情会让你感到满足呢？**

## 用功的蜘蛛

在蜘蛛辛苦地完成织网工作后，它觉得很满意，便开始织另一张网。它很注重细节，仔细地织网，想要织出完美的网。用功的感觉很棒，这是一种你愿意多花时间，想要把事情做得更好的感觉。

**你会在什么事情上用功呢？**

# 有时候我的乌龟会退缩

当我的宠物乌龟奇魄缩回壳里的时候，我知道它想要远离人群，一个人独处。一直到感到足够的平静和安静，小乌龟奇魄才会从壳里出来玩耍。一开始，我无法理解为什么乌龟奇魄不愿意和我交朋友，但是现在我知道了，它自己一个人待一会儿也很好。

当它准备好时，它会从壳中出来的。

# 尴尬

你有没有过在尝试新事物的时候会觉得自己有一点儿尴尬？我记得当我第一次学习滑冰时，一切都很新鲜。滑冰鞋穿在我的脚上很滑稽。这还不是最难的，当我开始学滑冰时，我觉得我是在两只脚上旅游。经过大量的练习，我滑得越来越好了，滑冰变得不那么难了。我觉得我现在可以滑得很好了。

**在尝试新事物时，你有没有感到过尴尬呢？**

## 我觉得很糟糕

你有没有试过吃了很多糖果后，心里依然不好受呢？我试过，不仅是因为我觉得很难受，而且因为我没有听妈妈的话，心里感到挺内疚的。做了一些明知不能做的事情后，那种心情是不好受的。下次多听妈妈的话也许会更好。

你有过在做了不该做的事情后的那种糟糕的感觉吗？

# 对不起

你是否不小心做过一些不对的事情？有一次，我不小心绊倒了，碰坏了朋友搭的乐高塔。我感觉很糟糕，我碰坏了朋友的乐高塔，伤害了他的感情。我对朋友说我很抱歉，下次我一定会更小心的。

当我们一起重新搭乐高塔时，一切又开始变得好起来。

# 我的小妹妹很好奇

你见过好奇的小宝宝吗？我的小妹妹很喜欢研究周围的一切。她瞪大眼睛，爬来爬去不停地探索。我的小妹妹只要觉得好奇，她就会用手去触碰，用她的鼻子闻一闻，有时候甚至还会把东西放进嘴里品尝一下。好奇心会让我们，让所有人都感觉到学习和探索新世界是有趣的。

**你有好奇心吗？**

# 情绪，情绪，情绪！

　　你知道每个人都有自己的情绪吗？开心的情绪，比如，高兴、惊喜和兴奋。不好的情绪，比如，伤心、疯狂和沮丧。当你拥有好情绪时，你会乐在其中！当你拥有不好的情绪时，那意味着你需要去解决问题，之后它才能变好。

　　不过不管你有着什么样的情绪，那都是属于你自己的。

## 今天你感觉怎么样？

# 今天你感觉怎么样？

**图书在版编目（CIP）数据**

怎么办：全4册. 我有这样的情绪，怎么办？ /(加) 珍妮弗·摩尔-马丽诺斯著；
臻阅文化译. -- 南昌：江西高校出版社, 2021.11
书名原文: A Whole Bunch of Feelings
ISBN 978-7-5762-1556-4

Ⅰ. ①怎… Ⅱ. ①珍… ②臻… Ⅲ. ①儿童故事 - 图
画故事 - 加拿大 - 现代 Ⅳ. ①I711.85

中国版本图书馆CIP数据核字(2021)第120999号

策划编辑：刘　童
责任编辑：刘　童
美术编辑：龙洁平
责任印制：陈　全

出版发行：江西高校出版社
社　　址：南昌市洪都北大道96号（330046）
网　　址：www.juacp.com
读者热线：(010)64460237
销售电话：(010)64461648

印　　刷：北京瑞禾彩色印刷有限公司
开　　本：889 mm×1194 mm　1/16
印　　张：24
字　　数：450千字
版　　次：2021年11月第1版
印　　次：2021年11月第1次印刷
书　　号：ISBN 978-7-5762-1556-4
定　　价：248.00元（全4册）

赣版权登字-07-2021-813　版权所有　侵权必究

# 碰到这样的事,怎么办?

[加]珍妮弗·摩尔-马丽诺斯/著

臻阅文化/译

江西高校出版社

# 目 录

# 无私的帮助

　　每个星期，我和哥哥都会到当地的动物收容所做志愿者。我们愿意花时间去帮助和照顾动物。我们给动物们换干净新鲜的水，陪它们一起玩耍，我们还会帮它们梳理毛发。不过我们会花更多的时间来拥抱和陪伴它们。花时间去无私地帮助这些无家可归的动物，不求任何回报，这不仅仅是一个善举，更能让它们感受到我们的关爱。

你是否给予过他人
无私的帮助呢？

4

## 体贴他人

　　每次奶奶来我们家，我总是会去确认一下她舒不舒服。首先，我会去看看她是否感到寒冷，如果冷，我会给她一张毛毯和一双毛拖鞋。奶奶还特别喜欢我帮她泡上一杯茶。奶奶说我很体贴，很善良。不过对我来说，让奶奶感到温暖和舒适就是我想要做的。

**有谁是你想去照顾的呢？**

## 小心仔细

　　每个人都知道过马路的时候需要左右两边都看一看。你必须保持警惕，才能注意到来往的车辆，这样才能保证安全。紧握着大人的手也是一种确保你远离危险的方法。过马路的时候保持小心仔细是一件正确的事情。

　　**你还有哪些让自己远离危险的方法吗？**

# 慈善行动

　　每年假期，我的学校都会举行一个慈善活动，从每家收集罐头食品。我们的目标是尽可能地收集足够多的罐头食品放进学校门前的大箱子里。如果我们填满了这个大箱子，我们会带着这些收集来的食物到本地的避难处，去帮助那些有需要的人们。

你能想到其他可以帮助他人的慈善行动吗？

11

# 整　洁

　　保持卧室干净和整洁对你来说是不是很难？我也是！确保把我的衣服放在衣柜的抽屉里，铺好床，整理玩具，这些家务活的量很大。不过我必须承认，当我的卧室干干净净，所有的东西都摆放整齐，那么我的卧室就会让人感觉更温馨、更舒服。

**你会如何保持卧室的整洁呢？**

## 同情心

　　一天晚上，我们一家人晚饭后在街上散步。在人行道边，我们遇到一位流浪汉，他举着一个牌子向路人乞讨。他没有家也没有食物，我为他感到难过。因为我也没有钱，所以我问他是否需要我打包的剩菜。他微笑着接过了我的食物。对他人表达自己的关心是有同情心的表现。

**你会在什么时候表达同情心呢？**

## 信　任

　　每天，我的小狗塔克都让我带它外出散步，还要带上干净的水和它的专属狗粮。塔克知道我会一直照顾着它，给它许多的爱。就像我照顾塔克一样，我知道我的爸爸妈妈也会永远在我身边。信赖他人真是一种美妙的感觉。

　　谁是你信任的人？当你需要他时，他会陪在你的身边吗？

# 勇　气

　　你有没有做过哪些正确但让你害怕的事情？面对学校里的恶霸，我勇敢地站了出来。为了帮助我的朋友，我鼓起勇气去面对恶霸。我成功了！恶霸停止了恶行！有时候做正确的事情会让人感到害怕，所以，先深呼吸，然后尽力去做到最好。

　　**你试过鼓起所有勇气去做一件事情吗？**

# 好 奇

　　我第一次把小狗墨菲带到屋外时，它特别兴奋，不停地探索着。所以，当它发现地上有一个洞时，它就会决定找出下面究竟有什么。墨菲充满了好奇心，它不停地把头伸进洞里探索，一定要解开它的疑惑。

不过有一次，在我们还没搞清洞里有什么的时候，一只花栗鼠从洞里窜出来跑掉了。我笑得不能自已。

　　你有没有过对一件新事物感到超级好奇的时候呢？

21

# 全身心投入

　　作为游泳队的一名成员，我有义务参加每一次的训练，并且保持认真严格的练习。队伍里的每一位成员都全身心地投入训练中，我们互相承诺尽自己最大的努力去获得游泳比赛的冠军。猜猜看发生了什么？我们的努力训练和全身心地投入是值得的，因为我们最终获得了冠军！加油吧，游泳队！

　　有什么事情是你想要全身心投入去做的呢？

# 换位思考

"把自己的脚放进别人的鞋子里。"意思是你尝试着去理解别人正在经历的事情，去感受别人的心情。我最好的朋友，她家的狗生病了，我知道她会感到害怕和伤心，因为当我的小仓鼠生病时，我也有过这种感觉。我能理解她。能够理解别人的感受就是在换位思考。

**你有没有试过换位思考呢?**

## 激　动

　　有没有一些事情是让你特别喜欢，让你感觉非常快乐，让你充满活力的呢？我有！每次我去游乐园，我都非常兴奋、迫不及待地想要参与每一个游乐项目。我的心里特别激动，也特别兴奋，我甚至想要去尝试那上上下下的过山车！太好玩了！我笑得停不下来！

　　有什么事情会让你觉得激动，充满活力呢？

# 自　由

　　自从我的爸爸用栅栏把院子围起来后，我的小妹妹和小狗对自由就有了新的认知。没有什么能比在自己的后院里自由地奔跑更棒的事情了。踢球、追球，不用怕它会滚到街道上，这真是太开心了！

　　你有没有一个能让你随心所欲、自由奔跑的地方呢？

# 友　谊

　　你的生活中有没有一位你很在意的、特别的朋友呢？我有！不仅住在同一条街的奥莉薇是我的好朋友，我的狗巴斯特也是我的好朋友。交朋友意味着你们会经常在一起玩，一起做有趣的让你们都开心的事情。不管是和奥莉薇一起看电影，还是和巴斯特一起玩扔取东西，我都很享受我们在一起的愉快时光。

**你喜欢和你的朋友做些什么呢？**

# 慷 慨

你有没有送给别人一些他们非常需要的东西，但是你并不认识他们呢？去年，我们听说了一个年轻的家庭因为一场飓风失去了他们的家，便决定帮助他们。所以，我们收集了食物、瓶装水，还有衣服寄给他们。我们慷慨解囊帮助这个家庭，让每个人都感到高兴。

**你有没有做过对别人慷慨的事情呢？**

# 善　良

　　你有没有这样一位特别的朋友，他总是陪伴着你，特别是在你伤心的时候？我有！不知道为什么，每当我觉得心情不好的时候，我的猫似乎总能知道。为了向我表达它爱我，关心我的感觉，它会紧紧地依偎着我，发出轻轻的呼噜声。它的关注和善解人意让我感觉好多了，它真是一只善良的猫！

**　　你关心别人时会做些什么呢？**

## 感　谢

　　你有没有因为某件事情而觉得非常感恩，不停地说"谢谢"？我永远不能忘记在我四岁生日那天，我得到了一辆全新的自行车，我感到无与伦比的兴奋和快乐。我张开双臂奔向我的爸爸妈妈，向他们展示我有多么喜欢我的礼物！充满感激，表达你对某件事或者某个人的感谢是一件非常棒的事情。

**你什么时候会表达你的感激之情呢?**

# 幸福感

在炎热的天气里，没有什么比吃上一大勺冰激凌更棒的事情了。一团冰冷的东西是怎样带给像我这样的小孩如此幸福和愉快的感觉的呢？大热天里的冰激凌能让我感觉像是在天堂里旅游。当我想到这里，我觉得我一定是爸爸妈妈的冰激凌，因为他们总是告诉我，我是他们最大的快乐！

**有什么东西会给你带来幸福感呢？**

# 努 力

有没有一项你需要特别努力才能完成的任务？对我来说，数学就是这样一项任务！数学是我必须要努力才能完成的任务之一。每天晚上，妈妈和我一起练习数学闪卡。有时候，我真想放弃，但是妈妈一直鼓励我，如果我一直练习、练习、再练习，数学就会变得更容易。妈妈说得对！我所有的辛苦练习都是值得的，因为我期末考试数学得了一百分！

有什么任务是你需要特别努力才能完成的呢？

10 × 3

2 × 7

10 ÷ 5

8 ÷ 2

2 × 10

41

# 诚　实

　　有时候说出真相会让人觉得有点难，特别是你知道是自己犯了错。就像我在没有经过姐姐的同意就穿了她的裤子，结果不小心还把裤子划破了。

但我必须理性地选择诚实告诉姐姐发生了什么事情。姐姐对她裤子被划破的事情很生气，但是她为我的诚实感到骄傲。

你知道吗？当你对人们诚实相待，他们会变得更信任你。

# 谦 虚

当我的弟弟向我展示了另一种更方便的绑鞋带方式时，我有点难以接受。但是当我发现用他的方法系鞋带后，我的鞋带一整天都没松开，一直都紧紧的，我谦虚地向弟弟道谢。如果你最好的朋友在某些事情上做得比你更好，你会怎么做呢？你会假装不知道，还是会谦虚地告诉他们实情，让他们知道他们确实做得很棒？

**你从朋友那里都学到了什么呢？**

# 体 贴

　　我爷爷是最有爱心的人！他总是陪着我，特别是我在做手工需要帮助的时候。我永远不会忘记我们在一起建鸟窝的快乐时光。爷爷甚至放弃了看足球比赛来帮助我！现在我知道为什么我们总是称呼他为"温柔的巨人"了。因为他不仅又高又大，他还很温柔、很善良。

**　　有谁会对你体贴呢？**

# 爱

你的生活中有谁会让你的内心总是感到温暖？只要想一想我的弟弟，我的心里就充满了爱。他才出生几天，但是我觉得我已经认识了他一辈子。我喜欢抱着他，听他咕咕的声音。当他的小手握着我的手指，我忍不住地笑起来。一个才出生几天的小家伙怎么会如此可爱？

**有谁会让你的心中充满爱呢？**

# 适 度

你知道吗？如果你吃太多土豆，皮肤会变成橙色。再猜猜看，如果你连续做很多次仰卧起坐会发生什么呢？是的，你的肌肉会变得酸痛！

所以，即使我们在做有益健康的事情，我们也要确保不会过量。为了让这些事情持续给我们带来好处，我们需要适度。过多的好东西可不是一件好事！适度才是关键！

**有什么事情是你会适度去做的呢？**

# 动　力

　　每个人都有一些他们想要去做，或者擅长做的事情。我的目标是成为一名最棒的体操运动员！每周让我特别兴奋的事情就是体操训练。我努力地练习，梦想着将来有一天去参加奥运会就是我的动力。只要想到我的脖子上会戴着一枚金牌，我就会继续努力练习！

　　**你努力学习的动力是什么呢？**

# 勇于尝试

你知道吗？每个人都有自己的想法，对某件事都会有自己的观点。即使我们可能不同意对方的观点，你们还是要试着聆听和理解他们所表达的观点。那就像去试一试新事物一样简单，比如，试着在吐司上挤些巧克力糖浆。你会意外地发现，你可能会非常喜欢这样的搭配！

**你愿意尝试新事物吗？**

# 乐　观

　　我的老师马希斯小姐非常乐观地认为全班都会通过这次拼写测试。考试前，马希斯小姐一直鼓励我们，她告诉我们肯定都能做得很好，因为她知道我们平日里都在努力学习。猜猜看发生了什么？有了这种一定能通过考试的心理暗示。我们真的全部通过了考试，太棒了！

## 你对未来有什么样乐观的想法吗？

# 组织能力

你知道吗？组成一个合唱团可不是一件容易的事情，除非你是有组织能力的人。身为合唱团的总指挥，我的工作就是确保在演出时每个人都站在舞台的正确位置上。首先，我们会做个计划看看每个人应该站在什么位置，然后我们不停地练习正确的排队顺序。只有那样，我们出场的时候才不会撞到别人。你有没有策划过特别的活动呢？

为了让活动井然有序，你会做些什么呢？

# 热 爱

　　热爱是指你对你所关心的事情拥有着强烈、积极的感情，比如对家庭的感情。在我家，我的爸爸妈妈、两个姐姐和我都愿意尽力多拥有一些在一起相处的家庭时间。

每个星期五的晚上是我们的家庭时间。不管有什么事情，我们都会腾出时间相聚，我们有时会玩游戏，有时会自制披萨，有时会一起看电影。家庭时间真的很重要！

**你热爱的事情是什么呢？**

# 耐　心

　　有时候我会着急想要学会一样新本领，我就会显得很急躁。我记得有一次我想要学会转呼啦圈，可不管尝试了多少次，呼啦圈总是会掉在地上，我真想放弃。但是我没有，我放慢了节奏，深呼吸后，我开始寻找有没有更好的办法能让呼啦圈转起来。因为我很有耐心，不怕困难，最后竟成功了！我懂得了一个道理，成功做好一件事，需要有足够的耐心。

　　**你最近在什么事情上会表现出耐心呢？**

# 平　静

　　所有睡着的小狗紧靠着妈妈，相互依偎，叠在一起。这一场景让我的脸上浮现出笑容。它们看起来就像小天使，或许它们会梦见追着球跑，在草地上玩耍，但是它们看起来是那么无忧无虑，正平静地休息着，我喜欢这一份平静。我知道，当它们醒来后，这些无声的、平静的小狗就会生龙活虎起来。

　　所以啊，现在这个时刻真是太平静了。

65

# 坚 持

　　你知道吗？玩拼图可不是一件容易的事情。有一些拼图会难得让你想放弃。但对我来说，越是复杂的拼图，我越是会坚持拼，因为我会下决心解决这些难题。每次开始拼新的拼图，我都会专心致志地一坐就是好几个小时，直到把它拼出来。我的坚持帮助我拼出了许多拼图。

　　你的坚持曾经帮助你解决过什么问题呢？

# 尊 敬

在你的人生中有值得尊敬的人吗？每当回忆起我的哥哥帮助摔断了腿的爸爸，我都会非常钦佩哥哥。我的哥哥不仅承担了院子里所有的工作，他还会照顾好院子里的动物们，就像爸爸那样。做好所有家务活是一份艰难而重要的任务，我的哥哥做到了！

**我真的很钦佩我的哥哥！**

## 责任心

　　有责任心是很重要的，特别是当你需要负责完成某样工作的时候。学校里老师每周都会分配任务，我最高兴的就是被分配到"清洁侦探"这个任务。我会戴上侦探帽！身为一名侦探，我的责任就是检查教室，确保所有物品都在正确的位置上。我的老师相信我能做好这份工作，让我们的教室保持干净整洁。

　　**在学校中，你负责的工作是什么呢？**

71

## 满　意

　　有没有一件事情？当你在做这件事情的时候你充满了自豪感，而当你最终完成的时候，你会推开桌子向后坐，满意地笑起来。我有这样的经历！在学校里，我们需要做一座会喷发的火山！当轮到我来展示火山的时候，火山如我所愿地喷发了，我觉得非常满意！我成功了！我为自己付出的努力感到满意！

　　我甚至还拍了拍自己的背，告诉自己做得很好！

# 体 贴

当一个人很体贴地关心别人，那就是善解人意的意思。有一天我和姐姐查莉雅在公园骑自行车，我的自行车在人行道撞到了一个障碍物，我像被甩出去一样摔到了人行道上。我都还没反应过来发生了什么事情，查莉雅就来到了我的身边将我扶了起来。

看到我被擦伤的膝盖，查莉雅小心翼翼地用创可贴保护住我的伤口。

查莉雅是那么体贴，我深受感动。

# 宁　静

　　冷静和放松是一种宁静的感觉。每当我和家人去露营时，我们总喜欢架起篝火，特别是在安静的晚上。凝视着星星，这让我感到宁静和家庭的温暖。

　　有没有一个安静的地方是你喜欢去的，且能给你带来舒服感觉的呢？

# 分 享

　　有时分享很难，尤其是要分享你特别想要为自己保留的东西。就像昨天晚上，我真的很想吃最后一片披萨。但是因为爸爸和我都想吃，我们决定将披萨切成两半。爸爸让我先选。我觉得半块披萨总比什么也没有要强！分享就是一种关怀！

　　当你分享的时候，你的感觉是怎么样的呢？

# 安　静

　　你有没有留意到每当风停止了吹动，鸟儿停止了歌唱，世界会变得寂静无声。有时候，就像风停止吹动、鸟儿停止唱歌一样，我们需要安静一会儿，不发出任何声音，只是认真聆听。不管是在学校上学还是玩捉迷藏，保持安静是很重要的。

　　你知道还有哪些地方是安静的吗？嘘——

# 简　单

　　我的狗的名字叫拉夫，但我们喜欢称呼它为简单明了。拉夫只喜欢做一种事情——简单的。所以，不管是我让拉夫坐下或者做一些像旋转这类动作，我都需要让指令简短、只说关键词。如果我说得太复杂，用了太多词，它就会做出完全不一样的动作，比如打起滚儿来。有时候简化会让每个人都更轻松！

　　有什么事情是你想要它变得更简单点儿的呢？

# 信 任

你有没有做出过承诺？我有！不过你知道吗？如果你承诺过就要说到做到。我答应了我的小妹妹，我做完作业后就会带她去公园玩。为了诚实守信，坚守诺言，就像我承诺过的，我带她去了公园。我们不仅玩得很开心，妹妹还知道了她是可以信任我的，我是值得信任的。

**你有值得信任的时候吗？**

# 可持续发展

　　我们可以做些什么来保持地球的健康？有了！我们可以循环利用！你知道吗？旧轮胎被切成小块后铺在操场上，即使我们摔倒了，也会很安全。想想看！塑料瓶居然可以被做成毛衣、睡袋，甚至地毯。太酷了！

　　你还能想到让我们的地球可持续发展的其他办法吗？

# 团队合作

　　我们一家人喜欢通过共同努力来完成大项目，比如一起粉刷卧室的墙。虽然我们有着不同的分工，我们依然尽力地帮助对方。当爸爸粉刷天花板时，我帮爸爸扶稳梯子，妈妈会帮我搅拌油漆。身为粉刷队伍的一员让我感觉很棒。我特别喜欢我的粉刷帽和连体裤！

　　**在团队里，你能做些什么工作呢？**

## 感　恩

　　我有一个充满爱的家庭，我对此非常感恩。我感恩爸爸妈妈为我所做的一切。我特别喜欢我们在一起玩游戏或者散步。他们对我如此重要，让我如此快乐，说一声"谢谢"是我能表达自己的方式之一。我太幸运了！

**你会对什么有感恩之情呢？**

# 宽 容

有时候有些事情我们只能选择宽容，比如在面对大哭不止的我的弟弟的时候。我知道他只是一个小孩子，他还不会说话，所以如果我在他哭泣的时候对他发火，那就是不对的。我需要宽容和耐心，理解他哭是因为他还是个小宝宝，并不是想要打扰我。

**你有没有尝试过向别人展示你的宽容呢？**

价值观，价值观，价值观！

你知道吗？我们都有自己的价值观。有一些价值观对某些人来说显得更重要。无论你认为哪种价值观对你的生活来说是更重要的，它们都是属于你的，是你自己的价值观！

你的价值观是什么呢？

**图书在版编目（CIP）数据**

怎么办：全4册. 碰到这样的事，怎么办？ / (加)珍妮弗·摩尔-马丽诺斯著；
臻阅文化译. -- 南昌: 江西高校出版社, 2021.11
书名原文: What Would You Do?
ISBN 978-7-5762-1556-4

Ⅰ.①怎… Ⅱ.①珍… ②臻… Ⅲ.①儿童故事 – 图
画故事 – 加拿大 – 现代 Ⅳ.①I711.85

中国版本图书馆CIP数据核字(2021)第120645号

策划编辑：刘　童
责任编辑：刘　童
美术编辑：龙洁平
责任印制：陈　全

出版发行：江西高校出版社
社　　址：南昌市洪都北大道96号（330046）
网　　址：www.juacp.com
读者热线：(010)64460237
销售电话：(010)64461648

印　　刷：北京瑞禾彩色印刷有限公司
开　　本：889 mm × 1194 mm　1/16
印　　张：24
字　　数：450千字
版　　次：2021年11月第1版
印　　次：2021年11月第1次印刷
书　　号：ISBN 978-7-5762-1556-4
定　　价：248.00元（全4册）

赣版权登字-07-2021-813　版权所有　侵权必究